COOKING
巧厨娘

亲爱的
厨房小家电

西镇一婶 ● 著

青岛出版社
QINGDAO PUBLISHING HOUSE

图书在版编目（CIP）数据

亲爱的厨房小家电 / 西镇一婶著 . — 青岛 : 青岛
出版社 , 2021.7
ISBN 978–7–5552–9820–5

Ⅰ . ①亲… Ⅱ . ①西… Ⅲ . ①厨房电器 Ⅳ .
① TM925.5

中国版本图书馆 CIP 数据核字（2021）第 097401 号

书 名	亲爱的厨房小家电 QINAIDE CHUFANG XIAOJIADIAN
著 者	西镇一婶
出 版 发 行	青岛出版社
社 址	青岛市海尔路182号（266061）
本 社 网 址	http://www.qdpub.com
邮 购 电 话	0532–68068091
策 划 编 辑	周鸿媛
责 任 编 辑	肖 雷
封 面 设 计	毕晓郁
装 帧 设 计	毕晓郁 叶德永
制 版	青岛乐道视觉创意设计有限公司
印 刷	青岛海蓝印刷有限责任公司
出 版 日 期	2021年7月第1版 2021年7月第1次印刷
开 本	16开（710毫米×1010毫米）
印 张	15.5
字 数	276千
图 数	1130幅
书 号	ISBN 978–7–5552–9820–5
定 价	58.00元

编校印装质量、盗版监督服务电话 4006532017 0532-68068050
建议陈列类别：生活类 美食类

厨房，是很多人在家里花心思最多的地方，特别是对于我这种喜爱美食的人来说，愉快的一天就是从踏入厨房准备早餐的那一刻开启的。只是现代人的生活大多很忙碌，花费很长时间去烹饪出复杂的一餐往往是比较奢侈的。所以想用最短的时间和最少的精力做出美味的三餐，自然就要借助家里那些形形色色、功能各异的厨房小家电了。

没有人天生就愿意做饭，即便是蕙质兰心的巧妇，日日使用简单的锅碗瓢盆，经历挑、拣、洗、切、炒的烦琐，还要清洗一堆餐具，收拾油腻、脏污的厨房，时间久了都难免生厌。如果我们能轻轻松松做饭，把饭菜漂漂亮亮地端上桌，相信待在厨房里的时间就会变得快乐不少。小家电的作用便显现出来了。

比如很多烘焙爱好者都喜欢的自制面包，虽然它健康美味，但揉面的痛苦让人望而却步。这种矛盾在家里有了厨师机后就不是事儿了，只需要将材料倒入揉面桶中，再开启机器，等待十几分钟，可以拉出薄如蝉翼的膜的白胖面团就揉好了。对比之前撸起袖子手揉几十分钟都不见成效且臂膀累得酸楚不堪，如今做面包简直不要太轻松啊。

忙碌的早餐时光里，轻巧实用的轻食机也

前言

功不可没。只需要提前准备好吐司片，随便塞点火腿片、奶酪片或者生菜叶、煎蛋什么的，合上盖子等待两三分钟，一份可口丰盛且省时省力的早餐三明治就烤好了。

那些单身独居的人或者是不想购买过多厨具的家庭，只需要有台好看的多功能锅就可以了。它不仅能够满足多种烹饪需求，而且摆在家里也赏心悦目。准备三餐的时候，烦恼被热乎乎、散发着香气的食物冲散，紧绷的心情也会慢慢放松下来。

还有家里如果有喜欢喝果汁的小朋友，那么与其给他买外面不知道勾兑了多少香精的假果汁，还不如亲手将洗净的各种水果丢进原汁机里，榨汁给他喝。孩子喝到的是最新鲜、纯净的果蔬汁，大人还免去了人工挤压及滤汁的各种烦恼。

美好的厨房小家电就是如此，不但能将我们从繁重的厨房劳作中解放出来，还可以帮助我们烹制出百变的美味佳肴。好菜轻松做，美味零负担！

在这本书里，我精选了如今正当红的四种小家电——厨师机、多功能锅、轻食机、原汁机来当主角。相信美食爱好者的厨房里，或多或少都会拥有其中的一样。这四种厨房小家电将被重新解读，被赋予更多重任，可以在美食料理的世界里发挥得更淋漓尽致。不论是忙碌的上班族、勤劳的全职主妇，还是单身独居者，都可以使用它们轻松制作出自己喜爱的美食。在"吃货"眼里，每一种厨房家电都是潜在的宝藏工具，只有想不到，没有做不到。

目录

橙子苹果汁
p.186

胡萝卜梨汁
p.188

苹果莲藕养生
汁 p.190

西柚蔬菜汁
p.192

西红柿芹菜汁
p.194

苦瓜黄瓜汁
p.195

三豆豆浆
p.196

姜汁撞奶
p.198

一藕双吃
p.200

西瓜冰激凌
p.202

橙汁冬瓜罐头
p.204

土豆山药蜂蜜
膏 p.206

双色鸡肉卷
p.208

墨鱼蔬菜饼
p.211

胡萝卜蔬菜饼
干 p.214

菠菜窝窝头
p.216

胡萝卜小餐包
p.218

果蔬汁汤圆
p.221

彩虹蝴蝶面
p.224

自制豆腐
p.227

自制豆腐脑
p.230

自制豆松
p.232

蔬菜炒豆渣
p.234

豆腐碎素丸子
p.236

 17 道食谱的精彩视频供您参考

扫码关注，在下方菜单栏选
择"西镇一婶小家电视频"，
即可畅享美食视听盛宴

第一章
高效的厨师机

厨师机的用途已经不再局限于揉面、搅拌，现在还可以用来榨汁、绞肉、压面条等，真正实现了一机多用的效果。

玩转厨师机

1. 厨师机是什么

属于厨电舶来品的厨师机，最早多应用于西式面点的制作中，集合了揉面，打蛋，打发黄油、奶油，搅拌肉馅等多种功能。制作面包尤其是吐司时，一般要求将面团揉到出手套膜阶段，这样做好的成品口感才理想。人工揉面费时、费力，厨师机的好处就在这里体现出来了——揉面方便快捷。不过在国内普通家庭里，厨师机因为价格和接受度问题尚未普及，所以它并不算是中国家庭常用的厨房电器。西点学校教学人员、烘焙达人或者是喜欢烘焙的家庭主妇为主要使用者。但随着国内烘焙学习的热潮越来越高涨，相信会有越来越多的家庭开始接受这一新式厨电。

2. 厨师机的构造

厨师机的机身多由金属和塑料材质制成。高端厨师机多为全金属机身，工作时比较稳固，不易晃动，电机动力较强、可以长时间连续工作。经济款厨师机则多以塑料机身为主，工作 15 ~ 20 分钟后机身易发烫，所以需要停机休息一会儿散热。所有厨师机都带有一个可以抬起的机头，机头下方可以接不同功能的搅拌棒实现多种功能。比如揉面使用的揉面钩，打发蛋液、奶油使用的丝线打蛋头，还有搅拌肉馅等使用的扁形头。这三种具有不同功能的搅拌棒，也是厨师机的基础配件。相对而言，厨师机的价格越贵，自带配件就越多。有的厨师机除了以上三大基本配件外，机身还带有扩展槽，可以外接绞肉配件、压面器、切丝器、榨汁杯等。

3. 厨师机的使用注意事项

厨师机的工作原理，就是通过安装不同的搅拌棒加工各种食物，所以厨师机通常设置不同的档位来满足不同的需求，我们只需要调一下机器的旋钮，就可以改变机器的转速了。1～3档属于慢速档，4～6档属于中速档，7～8档就是高速档。我们日常揉面特别是揉吐司面团时，使用低速和中速即可。而打发奶油、蛋液，搅拌馅料等等，则可以使用中速和高速。除了这些基本功能，通过搭配不同的配件，还可以让厨师机拥有压面条、绞肉、切菜、榨汁甚至是灌香肠等功能。

4. 如何选购厨师机

虽然厨师机看起来很"高大上"，但实际上它并没有很高的科技含量，工作原理也很简单，主要区别就在电机动力、工作噪音及机器材质上。这里面电机是最重要的，因为它直接带动齿轮达到高效的搅拌效果。我们要尽量选择大功率的厨师机，这样揉同样大的面团时才不会费力，也能够避免机器短时间内就发烫的问题。其次是机器的噪音问题。早期的厨师机多使用交流电机导致工作噪音较大，现在以直流电机为主的厨师机开始多起来了，能够实现工作时比较安静的效果。最后就是机器的材质了，这里建议大家尽量选择全金属机身的厨师机，虽然贵一些但耐用、稳固，并且在搅拌过程中机身也不易晃动，机器的损耗低，使用寿命更长。

奥尔良 脆皮肠

不喜欢带有添加剂的香肠的烹饪者，可以自己动手做这个奥尔良味的脆皮肠。我做了很多，做出来不到三天就被家里人吃掉了。调料用的主要是奥尔良腌料，还加了少许的蜂蜜。成品带着点甜味，特别是用烤箱烤完后，味道香喷喷的。小孩子们特别喜欢。

食材和时间

🍲 **分量** 大约10根

⏱ **时间** 2小时（不含腌制和晾干时间）

🥕 **材料**

猪后腿肉	1000克
奥尔良腌料	50克
盐	10克
白糖	10克
料酒	20克
蜂蜜	20克
黑胡椒碎	少许
淀粉	30克
芝士粉	少许
肠衣	适量

①

②

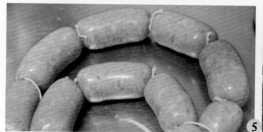

步骤

1. 用厨师机将肉绞成肉馅。肉馅放入盆子，加入料酒（用白酒也可以）。再倒入奥尔良腌料、盐、白糖、蜂蜜、黑胡椒碎、芝士粉等材料。

2. 将肉馅顺着一个方向搅拌至上劲。淀粉放入40毫升清水中，调成均匀的糊糊，之后倒入肉馅中，继续搅打至上劲。搅好的肉馅盖上保鲜膜，放进冰箱冷藏腌制两小时以上至入味。

3. 取出适量的肠衣用清水泡10分钟以上。内部也要灌水冲洗干净。肉馅放入厨师机内。

4. 将肠衣套在灌肠器上将肉馅灌入肠衣里，八九分满为好，太满容易爆开。灌好的肠，尽量弄得平整一些。

5. 用棉线每隔七八厘米扎一段，并用细针在肠衣表面扎眼，这样加热的时候不容易爆。

6. 将灌好的香肠挂在没有阳光的地方晾一个晚上，用手摸，感觉表皮干了即可。晾干之后放入锅里，用中火蒸18分钟左右。凉透后装入保鲜袋，冷冻，用时取出。炒、煎、蒸、煮、烤都可以。建议解冻后用烤箱或者空气炸锅于180℃加热10分钟左右即可。切片吃，非常美味。

"婶子碎碎念"

1. 肠衣中猪肠衣较粗，羊肠衣较细。有条件的话买羊肠衣吧，比较细并且容易熟。

2. 将灌好的香肠先蒸熟，可以避免因温度过高而导致香肠爆裂。灌好以后记得用细针在肠衣表面扎小眼。

3. 蒸熟的香肠放凉后要冷冻保存才不易变质。吃之前解冻再烤或者煎、炒。

西红柿汁
燕麦鸡肉丸

传统的鸡肉丸，大多加入面粉或淀粉来增加黏度，吃起来感觉面面的。这次咱们直接用富含膳食纤维的燕麦片来代替面粉。至于味道嘛，只会比面粉版的更好吃喽。这个西红柿汁燕麦鸡肉丸最后炒出来的口感是酸酸甜甜的，特别适合给挑食的娃娃吃，而且就连怕胖又嘴馋的大人也会爱上它的。

食材和时间

🍲 **分量** 一大盘

⏱ **时间** 30分钟（不含腌制时间）

🥕 **材料**
即食燕麦片.....................20克
鸡胸肉..........1块（约350克）
蛋清.....................1个鸡蛋的量
西红柿（小）.....................2个
葱末.............................少许
姜末.............................少许
盐...............................3克
胡椒粉...........................1克
砂糖.............................3克
食用油...........................适量

步骤

1. 将鸡胸肉先剁成细腻的肉馅，之后加入少许的葱末、姜末一起剁碎。

2. 倒入蛋清拌匀，再倒入即食燕麦片。

3. 用厨师机充分搅拌至上劲，让它变得黏稠。加入盐和胡椒粉拌匀调味，静置10分钟。

4. 用小锅烧开水。借助虎口，将肉馅团成大小适中的鸡肉丸。

5. 放进烧开的水里煮熟，煮到鸡肉丸都浮起来就可以了。

6. 煮好的丸子沥干水备用。西红柿切碎。

7. 锅内加油烧热，倒入西红柿碎，不停地翻炒，炒出汤汁来，中途可以加一点清水避免干锅。加入盐和砂糖调成西红柿酱汁。

8. 将刚才煮熟的燕麦鸡肉丸倒进酱汁里，翻拌均匀就可以关火了。

1. 鸡肉馅要静置一会儿，入入味。

2. 最后炒西红柿汁的时候，也可以加点市售的西红柿酱。

不粘锅版鸡肉脯

大品牌的肉脯基本不便宜，小作坊做出来的又怕肉不干净，不放心，所以想吃肉脯吃到过瘾还是得自己做啊。很多教程里写的都是烤箱做法，不会使用烤箱或者家里没烤箱的小伙伴难免看着眼馋。今天来分享一个不用烤箱，用厨师机和平底不粘锅就能搞定的肉脯做法。为了方便健身减肥的小伙伴食用，我还特意用了鸡胸肉。如果不说明，是不是外表上压根都看不出来这是用鸡肉做的呢？

食材和时间

🗂 分量　4 大片
🕐 时间　30 分钟（不含腌制、冷冻时间）
🥄 材料　鸡胸肉............................2 块
　　　　蚝油..............................30 克
　　　　生抽..............................12 克
　　　　鱼露..............................20 克
　　　　白糖..............................25 克
　　　　蜂蜜..............................25 克

黑胡椒粉（或孜然粉、咖喱粉
等）................................2 克
盐 ....3 克
红曲粉（选用）...............1 克
熟白芝麻 ....5 克

步骤

1. 鸡胸肉处理成肉糜状，依次放入蚝油、生抽、黑胡椒粉（或孜然粉、咖喱粉等）、鱼露、白糖、盐、蜂蜜。倒入红曲粉调色，没有就不用。用厨师机搅拌到黏稠的状态。

2. 盖上保鲜膜，将鸡肉糜腌制 1 小时以上至入味，也可以放入冰箱冷藏，腌制过夜更入味。取一个小保鲜袋，放入 1/4 左右入味的鸡肉糜。用擀面杖协助，擀成厚薄一致的长方形大肉片，做好后放入冰箱冷冻 1.5 小时以上。冷冻后的鸡肉馅就不容易散开了，变成可以拿起的肉片。

5

6

1. 肉脯想要好吃，调料的分量不能太少，一般来说糖多一些才好吃。鸡肉要和调料充分搅拌到发黏的状态，口感才好，味道也会浓郁些。

2. 鱼露就是鱼酱油，大超市基本都出售，它会给肉脯带来特殊的香味。如果实在买不到，省略即可。红曲粉是给红肠、肉脯等食物调色用的，实在没有也可以省略，就是做出来的肉脯颜色没有本书制作的这么红了。

3. 用保鲜袋擀大片并且冷冻是为了定型。直接擀成片放到锅里去煎，翻面的时候太容易散开了。冷冻一下定型了，整片煎好后翻面就容易得多。而且用保鲜袋也方便操作，可以把所有肉馅都擀好后再冷冻，定型后再分次去煎熟即可，灵活许多。

4. 建议煎制全程用中小火，勤翻面，避免煎煳了。每次翻面前都刷一层刷面材料，这样会让肉脯两面形成油亮亮的效果。临出锅前撒上熟芝麻装饰即可。

5. 刚出锅的肉脯湿湿的，所以我们要放到通风处晾一段时间让它表面风干后再切小片。风干这步也可以用烤箱或者空气炸锅来进行，时间能短些。

3.　碗中倒入剩余蜂蜜、清水拌匀调成刷面材料。平底不粘锅用中火加热。撕开保鲜袋的一面，将鸡肉脯整个放进去，再拿掉另一面的保鲜袋。

4.　先将鸡肉脯的一面煎熟，表面刷上一层刷面材料，翻过来再煎另一面。这样重复两三次，最后撒点熟白芝麻装饰下就可以用铲子盛出来了。

5.　刚出锅的鸡肉脯还有点湿湿的，放到通风处晾一会，等到表面摸起来感觉不太湿就好了。

6.　晾干后的鸡肉脯先切掉四边不规则的地方，再切成小片或者段，就可以开吃了。

芝士夹心鸡肉丸

这是一道非油炸、吃后不大长肉的荤菜。其实油炸的东西确实很好吃，有浓浓的香味，真是让人口水都下来了，但是油炸的东西大部分都是高油、高糖的，我们尽量还是多吃非油炸的吧。

这个丸子一口咬下去，外脆里嫩，芝士还会缓缓流出，拉丝呢。虽然它没有油炸的那么酥，带着脆，但是味道一样很不错。

食材和时间

🍱 **分量** 1 盘

⏱ **时间** 30 分钟（不含腌制时间）

🥕 **材料**
鸡胸肉	1 块
蒜末	5 克
生抽	12 克
盐	3 克
料酒	10 克
黑胡椒粉	1 克
淀粉	8 克
马苏里拉芝士丝	半小碗
面包糠	半小碗

1

2

步骤

1. 鸡胸肉清理干净，去掉白膜和脂肪部分。

2. 鸡肉用刀剁成肉泥。

3. 加入淀粉、生抽、蒜末、黑胡椒粉、料酒、盐。

4. 之后将材料用厨师机充分拌匀，让它变黏，然后静置 20 分钟至入味。

5. 准备好马苏里拉芝士丝和面包糠。

6. 取少许的鸡肉泥，按压成饼状，放上少许芝士丝。

7. 然后将芝士丝包起来，团成丸子状。

8. 在面包糠里滚一圈后，放入空气炸锅或者烤箱里，以 190℃加热 13 至 15 分钟即可。

"婶子碎碎念"

1. 鸡肉本身没啥味道，加入调料后要闻一闻味再做调整。

2. 没有芝士的也可以包入蔬菜丁或者其他馅料。包入芝士的时候不要让它漏出来，要不然高温烘烤后芝士化开了会粘在炸篮或者烤盘上的。

3. 我用空气炸锅做的，热风可以把鸡肉的油脂烘出来使外面的面包糠形成油炸的效果。如果你想做出油炸的那种金黄色外表，可以在外面轻轻地刷一层油。

4. 没有空气炸锅就用烤箱做，用烤箱的话建议打开热风功能，要不然时间会差很多。

猪肝丸子

吃遍了肉丸、海鲜丸、蔬菜丸，就是没吃过猪肝做的丸子。一开始还觉得怪怪的，想着会不会很难吃。结果给家人每人尝了一个后，他们一开始都没猜出来是用啥做的，都说挺好吃的。所以那些需要吃猪肝但是又抗拒的大朋友和小朋友们，真的可以试试这一款丸子。

食材和时间

🍽 **分量**　大约 20 个

⏲ **时间**　30 分钟（不含浸泡时间）

✏ **材料**　猪肝............................1 块

　　　　　鸡蛋............................1 个

　　　　　洋葱碎.........................少许

　　　　　淀粉............................10 克

　　　　　蘑菇牛排酱......................15 克

　　　　　盐 ....3 克

　　　　　胡萝卜.........................小半根

　　　　　即食燕麦片.....................1 小碗

　　　　　食用油.........................少许

1

2

步骤

1. 新鲜猪肝切大块后先浸泡半小时以上，泡出血水。锅中烧热水，放入猪肝煮熟后捞出，将表面的浮沫撇一撇。

2. 趁着猪肝还热乎赶紧剁成猪肝泥（凉了就不太容易剁成泥了），或者切成很小的丁也可以。

3. 猪肝泥放进大碗中，打入鸡蛋，加入牛排酱（没有牛排酱就用烤肉酱或烧烤酱，都没有就用生抽和少许糖），再加入淀粉、切碎的胡萝卜、洋葱碎、盐。

4. 将材料用厨师机充分拌匀，拌成比较黏稠上劲儿的状态。

5. 用手取 20 多克的猪肝泥，团成一个团子。然后放进即食燕麦片里滚一圈。

6. 将丸子放进空气炸锅的炸篮或者是铺了锡纸的烤盘内。

7. 在表面轻轻地刷一层食用油，用空气炸锅以 180℃炸 12 至 13 分钟即可。用烤箱的话，时间可以延长 5 分钟。当然你也可以油炸，就是成品中油脂会多些。

娘子碎碎念

1. 如果拌匀材料后感觉不够黏稠，团不成球，可以再加少许的蛋液。

2. 调料能盖住猪肝本身的膻味就好。味道咸淡和风格都可以自己调整。不喜欢洋葱的就不用加了。

3. 烤制的时间只作参考，因为大家团的猪肝丸大小不同，所以烤 12 至 20 分钟都有可能。没有燕麦片的就换成面包糠吧。

粗粮炒饼

　　炒饼，是一种可以"一盘子端"的食物，可以连饼带菜炒成一锅，特别适合怕麻烦或者是一个人吃饭的时候做。我用了一半普通面粉一半荞麦粉来做饼身，比较有异域风情并且有嚼劲，你也可以全部用普通面粉做。这个饼切条、切丝都行，反正炒了后都会变软。至于配菜，手头有什么就炒什么吧。

食材和时间

🍚 **分量**　一大锅

⏰ **时间**　1 小时（不含醒发时间）

🥕 **材料**　荞麦饼材料：

　　　　普通面粉 ....120 克

　　　　荞麦粉.........................120 克

　　　　（没有的话可用普通面粉代替）

　　　　90℃热水............125 毫升左右

　　　　食用油.............................适量

配菜材料：

鸡胸肉............................一小块

蒜薹...................................4 根

香菇............................3 ~ 4 朵

味极鲜酱油....................10 克

盐 ....3 克

植物油...............................8 克

葱花...............................少许

步骤

1. 将荞麦粉和普通面粉混合均匀,一边倒热水一边搅拌使它变成棉絮状。

2. 用厨师机揉成一个面团。

3. 盖上保鲜膜送到温暖湿润处醒发30分钟。

4. 醒发好的面团拿出来,平均分成6份,滚圆。

5. 取一个小面团,先在其表面刷一层薄油。再取另一个小面团,表面也刷油。

6. 将两个小面团抹油的那一面粘在一起,按压一下。

7. 将粘在一起的两个小面团擀成一张大饼。

8. 平底锅里刷一层薄薄的食用油,烧热。

9. 将擀好的大饼放进去烙，烙到两面都变黄、熟透，出锅。

10. 等到饼不烫手了，切成长条。

11. 鸡胸肉切丝，香菇切片，蒜薹切段。

12. 锅中放少许植物油，加热，先放葱花爆香，之后倒入鸡丝翻炒至变色。

13. 再放入香菇片和蒜薹段翻炒至香菇片变软，如果太干可以加入少许热水（分量外），并加味极鲜酱油调味。

14. 最后倒入饼条继续翻炒均匀，放盐调味，炒匀入味后就可以出锅啦。

9

10

11

"婶子碎碎念"

1. 荞麦粉可以用等量的普通面粉代替。用杂粮做的饼比用普通白面做的感觉略硬点，但是营养上更胜一筹。

2. 添加的水量，可能会因为大家用的面粉不同而略有差别，能成团又不是那么粘手就可以了。用热水来和面，成品会比较软糯些，比较适合制作葱油饼、烙饼、锅贴、韭菜盒子这些需要烙或者煎的面食。

3. 配菜需要先炒到八成熟再倒入炒饼一起炒，配菜的材料按照大家的喜好自己选择即可。

12

13

14

玉米面荷叶夹

这个玉米面荷叶夹，算是一款主打粗粮的主食吧。把豆角肉丁炒好以后夹在饼里吃，两三口就能吃一个，很美味。喜欢做面食的小伙伴们可以试试，我觉得它属于那种难度低并且做出来招待客人还好看的面食。

亲爱的厨房小家电

食材和时间

🗓 **分量**　6 个

🕐 **时间**　1 小时（不含发酵、腌制时间）

🥕 **材料**　荷叶夹材料：

普通面粉 ....160 克

玉米粉 ....40 克

水 .... 110 毫升

酵母 ....2 克

糖 ....10 克

花生油........................... 少许

配菜材料：

豆角 ....150 克

里脊肉..........................100 克

玉米粒、胡萝卜粒...... 共 1 小碗

生抽 ....12 克

水淀粉..............................15 克

盐 ....3 克

食用油............................适量

蒜片 ....少许

步骤

1. 先将除花生油外的其他荷叶夹材料倒入厨师机面盆中。

2. 揉成团，再揉至表面变光滑了就可以。

3. 面团收圆后放到盆子里或者是面包桶里，进行基础发酵，发到原来两倍大左右就行了。

4. 发好的面团拿出来先按压排气，之后揉一揉，尽量将面团中的气泡都排出来，要不然蒸好后表面不光滑。

5. 面团分成 6 份，每一份再揉圆。如果面团比较黏可以在案板上撒点面粉（分量外）防粘。

6. 将揉圆后的小面团按扁。

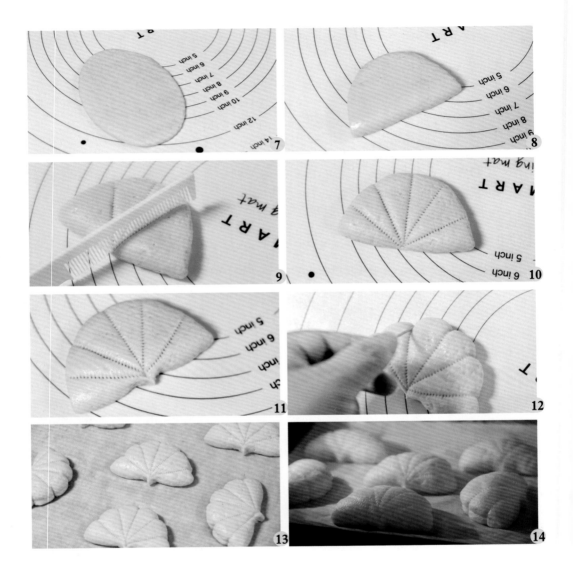

7. 将按扁的面团擀成一个椭圆形的面片。在下半部分抹一点点花生油,这是为了后面折过来的时候两边的面片不至于粘得太紧。

8. 将上面或者是下面的那一半盖过来,就成了一个半圆形。

9. 找一把消过毒、干净的梳子,像图中这样,先在中间压一道痕。随后再压出其他4道痕迹。不愿使用梳子的,就用牙签或者叉子吧。

10. 可以压得深一些,因为蒸好以后这个痕迹会变浅,生坯的痕不压得深一些,成品不好看。

11. 用大拇指和食指,捏住半圆形面片的底部中间位置,捏出一小块褶皱来,使其有点像叶子的那种感觉。

12. 再用牙签将图示边缘处的5个位置向下压紧,做出好看的弧形。

13. 将6个荷叶夹都做好,室温醒发15分钟左右。

14. 如果用蒸锅蒸,就水开后大火蒸12分钟左右。如果用蒸箱蒸,需要蒸17分钟左右。大家用的炊具不同,时间会有点差别。

15. 荷叶夹蒸好后就可以做夹馅儿了。这一步也可以放到面团发酵的时候做。首先是将里脊肉切成小肉丁，之后加入生抽、水淀粉、少许盐腌制半小时。

15

16. 豆角切成丁。锅中烧开水，倒入豆角焯水，然后捞出来，沥干水备用。

17. 锅中倒少许食用油，放入刚才腌制好的肉丁炒一炒，炒到变色盛出来。

16

18. 锅中倒入少许食用油加热，放入蒜片爆香，放进豆角丁炒一炒。

19. 放进玉米粒、胡萝卜粒炒一炒，最后放入炒好的肉丁，此时加剩余的盐调味，炒熟就可以出锅了。

17

20. 将炒好的馅儿夹到切开的荷叶夹里就可以了。

18

"婶子碎碎念"

1. 整形的时候，需要将面团内部的气泡尽量都排出来，要不然蒸好以后表面不光滑。

19

2. 成品越整齐越好看，蒸的时候尽量别让面皮表面滴上水。大家的蒸箱估计会有温差，所以蒸的时间仅供参考，以蒸熟为准。里面的配菜按自己的喜好来做就可以了。

20

土豆窝窝头

过去家里穷，买不起大米和面粉，不得不啃窝窝头。现在，主打杂粮制作、含膳食纤维、有益健康概念的窝窝头却成了老百姓餐桌上的香饽饽。传统的窝窝头大多用玉米面加热水做成，又小又硬，虽然很有嚼头，但牙口不太好的人，吃起来确实费点劲，所以今天要做的这个改良版窝窝头，就加了绵软的土豆泥进去。它既保留了玉米面中的膳食纤维，又中和了那种粗糙的口感，所以想吃杂粮的小伙伴可以开始做了。

食材和时间

🍚 **分量** 大约 10 个

🕐 **时间** 30 分钟（不含醒发时间）

🥕 **材料**
土豆（小）........................5 个
玉米面............................150 克
普通面粉 ....150 克
白糖............................30 克

泡打粉............................2 克
大枣............................10 个
热水........................... 80 毫升

步骤

1. 土豆洗干净后放入蒸锅蒸熟，大约需要蒸 15 分钟。

2. 将蒸熟的土豆放入凉水内泡凉，然后剥皮。

3. 用擀面杖或者勺子碾压成泥，得到大约 350 克土豆泥。

4. 倒入玉米面，再倒入面粉。

5. 加入白糖。不喜欢吃甜的也可以不加。再加入泡打粉。

6. 倒入热水，然后用厨师机和成面团。

7. 和好的面团应该是较柔软、不太粘手的。

8. 盖上保鲜膜，醒发大约半个小时。

9

10

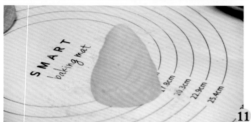

11

12

13

9. 将面团分成 10 个左右的小面团。取一个小面团，先揉成圆锥形。

10. 在底部戳一个眼，放入洗干净的红枣。

11. 将红枣包起来，整理成窝窝头的样子。

12. 全部包好以后，将窝窝头放入铺了纱布或者是油纸的笼屉内，开盖用大火蒸。

13. 上汽以后盖上盖子，大火蒸 15 分钟左右。蒸好以后就是金灿灿的土豆窝窝头了。

娘子碎碎念

1. 做窝窝头的要求不像西式糕点那么严谨，所以新手也能做。记得要趁着土豆泥还热的时候和面，加入的热水也不能低于 50℃。如果用凉水和面，窝窝头就会变硬。热水的量要根据土豆泥的湿度调整，可以直接 80 毫升，也可以先加 60 毫升，看看面团的干湿度再适度添加。

2. 泡打粉可以让窝窝头的口感变软一些，用小苏打代替也可以，都没有就不加了，但蒸出来的就是死面的感觉了。

彩色果蔬面

食材和时间

🍶 **分量**　2 至 3 人份

⏱ **时间**　1 小时

🥕 **材料**　菠菜...........................一小把
　　　　胡萝卜.......................半根
　　　　紫甘蓝.......................少许
　　　　普通面粉 ....750 克
　　　　盐 ....3 克

　　彩色果蔬面条很受宝妈们的欢迎，但市售的不能保证完全是用新鲜果蔬汁做的，所以不如自己亲手做给宝宝吃啦。买点新鲜的胡萝卜、菠菜、紫甘蓝、芹菜、西红柿、红心火龙果等，红、黄、紫、绿这些颜色就都有了。彩色面食很能引起食欲，尤其对于不爱吃饭的小宝宝来说，更是适合多做一些给他吃。我是用厨师机加上压面配件制作的，如果没有的话可以用手和面，擀皮，切丝，就是会累一些。

1

2

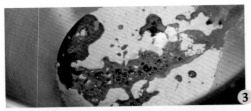

3

4

5

6

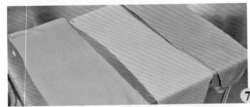

7

8

9

步骤

1. 胡萝卜、菠菜和紫甘蓝都洗干净，处理一下。

2. 用破壁机或者原汁机将蔬菜榨成汁备用。

3. 揉面盆中倒入 250 克的面粉，先加入 90 毫升紫甘蓝汁和 1 克盐，然后开始用厨师机揉面。

4. 做面条的面团要比较干才可以，材料搅拌均匀略成团后，可以手动捏成面团。面团要那种硬硬的才好，要不压出来的面条会很黏。用同样的配方继续做菠菜面团和胡萝卜面团。

5. 图中是三种面团都和好的样子，面团一定要够硬才好，煮了之后才筋道。

6. 用厨师机带的压面配件来回擀压面团，一直到变成薄薄的面片。

7. 将三种颜色的面团都压成比较薄的面片。

8. 把薄面片用厨师机的切面器配件切成细面条。

9. 做好的手工面条可以撒点面粉（分量外）防粘，如果吃不完的话还可以冷冻保存。

婶子碎碎念

1. 做面条的面团要少放一些水，刚开始可能较硬、难揉，放一会就比较好揉了。具体的量也要根据面粉的吸水情况适当调整，总之在能成团的基础上，硬一些比较好。

2. 压面的时候可以来回多压几次，一开始面团比较硬、比较粗糙，多压几次就会变得光滑了。

小红帽馒头

这个可爱的小红帽馒头用的原材料非常简单，就是面粉、牛奶、酵母，还有红曲粉、巧克力等。如果实在买不到红曲粉，可以试试用胡萝卜汁或者红心火龙果汁来代替，也可以用可可粉或者抹茶粉，就是换个帽子的颜色而已。

食材和时间

🍚 **分量**　3个

🕐 **时间**　2小时（不含发酵时间）

🥕 **材料**　普通面粉 ....165 克

细砂糖 ....20 克

牛奶（温）.....................85 克

即发干酵母 ....3 克

红曲粉 ....5 克

巧克力 ....适量

西红柿酱 ....适量

1

2

步骤

1. 温牛奶倒入碗中，放酵母拌匀。

2. 将牛奶酵母液一点点地倒入面粉中，用厨师机搅拌成柳絮状，然后揉面。

3. 揉成一个光滑的面团，按照 4∶6 的比例将其一分为二。

4. 取大点的白面团倒入适量的红曲粉，慢慢揉成红色面团。

5. 将两色面团各自平均分成 3 份，滚圆，然后松弛一会。

6. 取一个红色的小面团，将一头整理成尖尖的雨滴样子的厚面片。

7. 取一个圆形的模具，将雨滴面片的中间压出一块圆形空缺来。

8. 将白色小面团放进空缺处。将白色小面团从中间一削两半，只用剩下的一半，让脸看起来不那么鼓。

9. 削下来的白色面团，和刚才压出来的红色面团，都擀成面片。

10. 然后找吸管或者是比较小的圆形管状物，压出图中的这种样子，做小红帽的花朵。

11. 在红色雨滴形面片上抹点水，将花朵按图中这个样子粘好，一定要粘紧，要不然过会儿发酵后花朵会散开或掉落。

12. 花朵都粘完后，开始做蝴蝶结。取两个大点的圆形模具，用第9步做的面片压出不同颜色的圆片，再做一个长条形面片。将圆片捏起来，有点像是捏熊耳朵的感觉。

13. 将两个颜色的"耳朵"的中间捏在一起，包上长条状的面片，蝴蝶结就做好了。

14. 把蝴蝶结粘点水放到脸蛋下方的红面片上。之后就把"小红帽们"送去发酵吧。

15. 上蒸锅大火蒸15分钟，关火后再闷5分钟就可以了。

16. 蒸好以后，等到不烫手了拿出来，用化开的巧克力液画出头发和眼睛，再用西红柿酱画出嘴巴就行了。

11

12

13

14

15

16

"婶子碎碎念"

1. 这个做法最后会剩下一些面团，可以做成花朵或者其他造型的面食一起蒸了吃，别浪费。

2. 如果馒头吃不完，剩下的可以放冰箱内冷冻保存。

3. 头上的花朵也可以加入抹茶粉或者可可粉等制作。

4. 嘴巴和腮红部分我用的是西红柿酱，但是西红柿酱不会凝固，如果碰到就会变"花"了。大家如果有红色的食用色素或者巧克力就拿来使用吧。

奶香大馒头

都说越简单的东西有时候越难做，确实有些道理。比如大馒头，好多人都说做出来的不光滑或者不松软。今天这个松软喷香的大馒头，用发面引子醒发后再揉面，就很香软了。这个大馒头是用牛奶代替水做的，味道要比用水做的更好吃些。一直苦于做不出来松软馒头的读者，咱们一起开始吧。

食材和时间

- 🍱 **分量** 6 个
- ⏱ **时间** 2 小时（不含发酵时间）
- ✏ **材料** 普通面粉 .... 330 克

牛奶 .... 200 毫升
（做原味馒头可用 190 毫升的水代替）
即发干酵母 .... 3 克

步骤

1. 将即发干酵母和牛奶混合好，之后倒入 160 克的面粉拌匀。

2. 把拌匀的面粉放到温暖处，发酵 1.5 小时后再用。

3. 大约 1.5 小时后，面糊会变成充满了气泡的状态。

4. 倒入剩下的 170 克面粉，开始揉面吧。

5. 用厨师机揉成光滑的面团。

6. 将面团取出，先整理一下做成圆柱形。

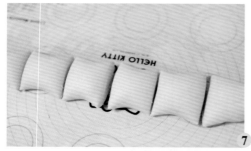

7. 将柱形面团平均分割成 6 份。

8. 再将每份滚圆，放到铺了油纸的烤盘或者是铺了笼布的蒸锅内。

9. 再次将馒头生坯放到温暖处醒发半个小时左右。用蒸锅蒸制的，放到蒸锅里盖上盖子醒发即可。

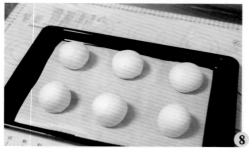

10. 冷水上锅，大火烧开后转中火蒸 20 分钟，关火后闷 5 分钟再出锅。用蒸箱蒸制的，则可以打开蒸汽几分钟后，看到箱内有水汽了再放入馒头，也是蒸 20 分钟左右后关机，闷 2 至 3 分钟后再取出。

11. 合格的馒头表面光滑无塌陷，里面没有死面疙瘩。

"婶子碎碎念"

1. 除了原味馒头，像杂粮馒头、果蔬汁馒头都可以这样制作。引子发酵到充满气泡就可以了，别发太过，如果有酸味比较影响口感。

2. 最后的醒发步骤不要省略，只有醒发了，放进蒸锅后才会继续长大、长胖。

3. 关于蒸馒头是用冷水还是用热水这个问题，我认为最好用冷水，这样一开始温度不高，馒头还可以继续长大。如果直接上热水，酵母被烫死了，就没法充分发酵了。

红糖黑麦馒头

这个热乎乎的红糖黑麦蔓越莓馒头，还是用了引子法，也就是液种法来做的，毕竟用这种方法做出的馒头都很软，回弹性也好。这个馒头有红糖和黑麦的香气，就算只配着咸菜吃也能吃很多。你没有黑麦粉的话，也可以换成别的粉，像全麦粉、荞麦粉、玉米面啥的都可以。自家的馒头自己做主。

食材和时间

📦 **分量**　6 个

🕐 **时间**　1 小时（不含发酵时间）

✏️ **材料**　引子材料：

　　　　　红糖.......................40 克
　　　　　温水..................... 180 毫升
　　　　　普通面粉.....................160 克

即发干酵母.......................3 克

其他材料：

黑全麦粉.........................80 克
普通面粉.........................80 克
蔓越莓干...................... 1 小碗

步骤

1. 将红糖用温水化开，之后用滤网过滤下，将化不开的渣子过滤出来。

2. 再倒入酵母搅拌，让酵母化开。水温不要超过 40℃哈，否则酵母会被烫坏。

3. 然后倒入引子材料中的面粉做成比较浓稠的面糊。

4. 把面糊送去温暖的地方醒发 1.5 小时吧。

5. 面糊内部已经充满气泡啦。

6. 将充满气泡的面糊和黑全麦粉、普通面粉倒入厨师机的揉面盆中，开机搅拌。

7. 面团搅拌成形后，再倒入提前用水泡软、沥干水的蔓越莓干，继续揉成一个光滑的面团就可以了。

8. 将揉光滑的面团放到案板上整理成圆柱形。

9. 将面柱平均分割成6份，每一份分别滚圆。

10. 放到铺了油纸的烤盘或者是铺了屉布的蒸锅里。

11. 再次将馒头生坯放到温暖处，醒发20分钟左右就可以开蒸啦。

12. 用蒸锅做，记得馒头要冷水上锅，大火烧开后转中火蒸20分钟，关火后闷5分钟再出锅。用蒸箱的，则可以打开蒸汽几分钟后，看到箱内有水汽了再放入馒头，也是蒸20分钟左右后关机，闷2至3分钟后再取出。

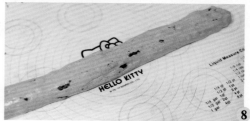

"婶子碎碎念"

1. 时间来不及的话，可以将引子（液种）室温发酵半小时后放进冰箱冷藏一夜，第二天再用，发好的状态就是内部充满气泡的样子了。因为加了红糖，所以建议大家用耐高糖的酵母来做。

2. 最后加面粉搅拌成团的时候，尽量将面团揉匀、揉光滑了，太干就加点水。

3. 最后的醒发时间不用太长，20至25分钟即可，因为馒头在蒸的过程中还会变大。

大米蒸糕

大米蒸糕，是一款很多人回忆中的经典小吃，但因为地域不同，所以这个米糕的味道和做法也就不尽相同。这款是将大米打成米浆后，进行充分发酵后才上锅蒸制而成的，所以米香味也就更加浓郁。它的操作过程还是很简单的，不妨试一试，看是不是你小时候吃的那个味道。

食材和时间

🍚 **分量** 大约 8 个

🕐 **时间** 1 小时（不含浸泡、发酵时间）

🥕 **材料**
籼米	400 克
白糖	180 克
玉米淀粉	100 克
即发干酵母	3 克

步骤

1. 所有材料准备好，实在买不到籼米就用普通大米即可。米需要提前浸泡两三个小时，有条件的可以浸泡一晚上。如果不泡就直接打米浆，容易出现比较硬的颗粒。

2. 浸泡好的籼米控干水后，放入破壁机中，再加入 260 毫升左右的清水，用高速搅打成细腻的米糊糊，一定要打到米浆很细腻没有颗粒才好。

3. 将打好的米浆倒入盆子中，再加入白糖继续拌匀。

4. 在米浆中筛入玉米淀粉和酵母，充分拌匀。

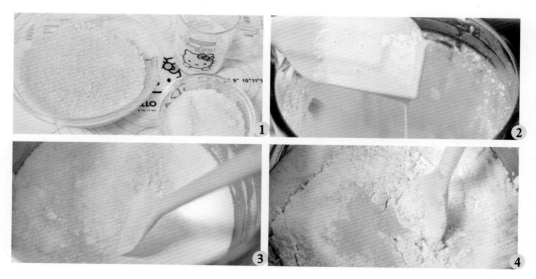

5. 这时候的米浆还不太黏稠，所以需要用厨师机继续高速打发 8 至 9 分钟。米浆会变得比较浓稠，质地细腻均匀。

6. 取一个深盆，倒入搅拌好的米浆，然后盖上保鲜膜送去温暖处发酵。米浆膨胀到原先的两倍半大小并且发出微微的米酸味就可以停止发酵了。

7. 发好的米浆呈现体积膨大、内部充满气泡的状态。

8. 用刮刀轻轻搅拌发酵好的米浆进行排气，把大气泡都排出来。

9. 将米浆舀入容器中，八九分满即可，因为蒸后的米糕会膨胀。

10. 蒸锅内的水开后，再放入米糕，盖上盖子，先用大火蒸 15 分钟，再转中火继续蒸 10 分钟，插入竹签不粘即可取出。

"婶子碎碎念"

1. 做这个米糕最好用籼米，成品蒸出来后松软不黏腻，没有的话就用普通大米，但一定要提前浸泡，否则米浆中容易有硬颗粒。

2. 加入玉米淀粉可以让米糕放凉后也不会太干硬。

3. 米浆发酵的时间可以长一点，酸味会随之加重。发好后轻微搅拌排气即可，动作不要太大。

4. 蒸米糕的容器尽量小一些，这样蒸的时间短。用的容器越大，蒸熟用的时间越长。

蜂蜜 大麻花

这个鲜奶蜂蜜大麻花一口咬下去，蜂蜜和牛奶香味浓郁。有了这个大麻花，家里的面包、油条都可以"退役"了。其实它之所以好吃，也是因为用了做面包的办法制作的，只是最后部分用油炸的方式做熟而已。大麻花外壳酥脆，内心柔软还带着奶香味，大人、小孩都爱吃。不过，这是个"热量小炸弹"，一定要控制住你自己的手才行啊。

食材和时间

🍱 分量　大约 13 个

🕑 时间　1 小时（不含发酵和醒发时间）

🥄 材料　高筋粉............................250 克
牛奶.............................. 80 毫升
鸡蛋（带皮约 55 克一个）..1 个
蜂蜜...............................30 克
白糖...............................20 克
盐..................................1 克
玉米油..............................适量
即发干酵母......................3 克

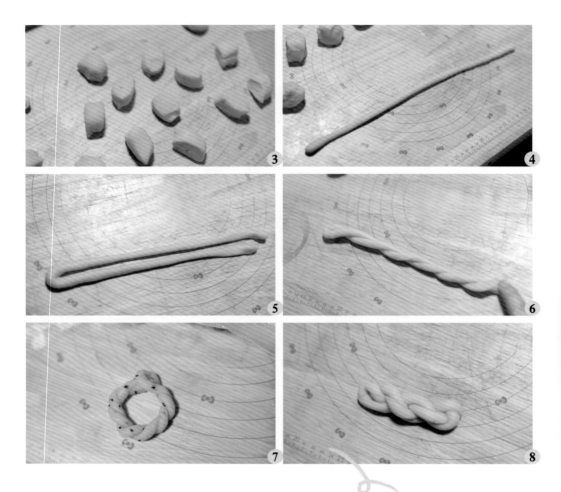

步骤

1. 将除了玉米油之外的所有的材料放入厨师机中混合均匀，揉到面团变光滑且能够拉出比较厚的筋膜即可。

2. 面团收圆，送到温暖湿润的地方发酵到原先的两倍大小。

3. 面团拿出来按压排气后滚成圆柱形，然后切成 13 个左右的剂子。

4. 取一个剂子，用手将它搓成图中的长条状，越长越好。

5. 将面条从中间对折。

6. 两只手在面条的两头朝着相反的方向搓，使其变成图中的样子。

7. 提起两端，长面条会自动旋转拧到一起。此时将面条分开的那一端塞进另一端的对折扣中捏紧、拧好，麻花坯就做好了。

8. 图中是拧好的生坯的样子。尽量做得均匀一些，出来的成品更好看。

9. 所有的麻花坯都做好后，间隔放到烤盘上，然后醒发 30 至 40 分钟即可。

10. 发酵后的麻花坯会变大一些。

11. 锅中倒入足量的玉米油，烧到六七成热，将发酵好的麻花坯放进去开始炸吧。

12. 全程都要用小火炸。浸在热油里的部分很容易上色，所以需要像炸油条一样频繁翻面，两面都炸至金黄色。

13. 之后用滤网将麻花捞出，沥干油即可。炸好的麻花，等到不烫嘴就可以吃了。这个味道有点像我小时候吃过的那种油炸面包，但又不那么油腻。

9

10

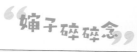
"婶子碎碎念"

1. 这个松软麻花建议大家用高筋粉来做。揉面的时候，最起码要揉到面团能出厚膜的阶段，有条件的自然是揉到能拉出薄膜，因为面团拉出的膜越薄，做出的成品的口感越松软。

2. 分好的剂子容易干燥，所以整形的时候不用的剂子要先盖上保鲜膜防止风干。

3. 整形的过程很容易，但前提是面团要发酵至不回缩的状态。如果在搓条时面团回缩严重，那就先将分好的剂子醒发 20 分钟后再操作。

4. 油炸时的油温不要太高，要不然容易外面焦煳了里面还没熟透，并且炸的时候要勤翻动，上色才均匀。

5. 二次醒发 30 至 40 分钟就差不多了，因为面团入油后还会继续膨胀的。制作成熟这一步不建议用烤箱做，因为面团和热油接触瞬间炸出的那种外壳酥脆、内部松软的口感，用烤箱或者空气炸锅都做不出来。

11

12

13

葱香火腿沙拉包

这是一款很好吃的，我家大小朋友都很欢迎的咸面包。吃腻了单调的吐司或者甜面包的读者都可以尝试一下。推荐的材料的量一次能做6个成品，可以解决好几天的早饭问题。不用将面揉到出手套膜状态，所以用面包机甚至用手揉也是可以搞定的。

食材和时间

- 🍽 分量　6 个
- ⏱ 时间　3 小时以上
- 🥕 材料　高筋粉.........................250 克
　　　　　牛奶.........................110 毫升
　　　　　黄油...........................45 克
　　　　　鸡蛋液.........................40 克
　　　　　砂糖...........................40 克

即发干酵母.........................3 克
盐...................................2 克
葱碎.................................10 克
火腿丁...............................50 克
沙拉酱...............................少许
抹面用的鸡蛋液................10 克

步骤

1. 将高筋粉、酵母、砂糖、盐、牛奶、40 克鸡蛋液混合均匀，放到揉面盆里。

2. 开始用厨师机揉面，过几分钟就会变成面团了。此时加入切成小块的黄油，继续揉面，让黄油跟面团充分融合。

3. 加了黄油的面团会有点黏，可以用刮刀将盆壁上的面团刮一刮再继续揉。揉到黄油跟面团完全融合、面团出筋膜，这时候面团就会很软了。此时加入一大半的火腿丁一起揉。

4. 再次取一小块检查一下状态，能拉出薄膜，就可以停止了。

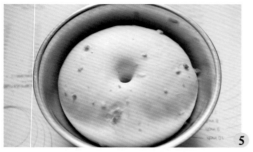

5

5. 将面团收圆后放进面盆，发酵到两倍大。戳个洞没怎么回缩就说明发好了。

6. 取出面团先按压出气体，平均分割成6份。再取一个分割后的面团，继续分割成3份，继续静置15分钟，让小面团醒发，要不然过会儿整形容易回缩。

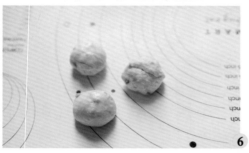

6

7. 3份小面团分别搓成长条状，然后将三个头捏在一起，一定要捏紧了。之后就开始编麻花辫吧。左边搭到中间，右边的搭过来放中间。编好后再整理一下，将两头再捏一捏收紧了，避免过会儿醒发的时候散开。

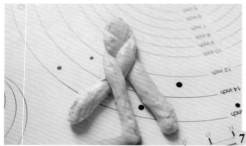

7

8. 放入烤盘送去二次发酵吧。二次发酵温度为38℃，湿度85%左右，发制45分钟左右就可以了。发好的面团变得胖胖的。

9. 表面刷一层全蛋液，然后撒少许的香肠丁、葱碎，并挤上沙拉酱。之后烤箱以上下管175℃预热，然后在中层以175℃烤13至14分钟即可。如果烤箱不大或者上管温度高，可以中途加盖锡纸避免上色过重。

8

"婶子碎碎念"

1. 和面加入鸡蛋液的时候，要留出一些最后刷面用。

2. 牛奶也可以换成清水，黄油可以换成玉米油，一开始揉面的时候加即可。

3. 嫌编辫子麻烦，就平均分成6份滚圆即可。

4. 不同烤箱温差较大，所以烤制时间只供参考。

9

红糖红枣软欧包

　　身体比较虚尤其是宫寒的女人难免手脚冰凉。这个好吃的红糖红枣软欧包，就是为主妇们在特殊时期定制的一款补气、补血的早餐包。我用优质红糖来代替普通砂糖，还放了大量的红枣肉进去。这真是一款香气扑鼻又有营养的女性专属欧包。

食材和时间

- **分量**　3 个
- **时间**　3 小时以上
- **材料**　高筋粉.........................230 克
　　　　　全麦粉...........................20 克
　　　　　即发干酵母......................3 克
　　　　　红糖...............................35 克

鸡蛋液...........................50 克
水 .... 105 毫升
盐 ....3 克
色拉油...........................25 克
红枣...............................40 克

步骤

1. 将除了红枣之外的所有材料混合均匀，然后放入厨师机开始揉面。

2. 一直揉到面团变得光滑，并且能拉出薄膜。薄膜抻拉后破的洞如果边缘光滑就说明面揉好了。

3. 面团中加入切碎的红枣肉，继续揉均匀。

4. 揉好的面团放到温暖湿润处进行发酵，发到两倍大小。

5. 取出面团按压排气。

6. 面团分割成 3 份，静置 15 分钟。这样擀面团的时候不会回缩。

7. 取一个小面团，把它擀成椭圆形面片。

8. 把擀好的面片从上至下卷起来，整理成梭子状，两头捏紧。三个小面团都这样处理好。

9. 然后进行第二次发酵，发 40 分钟就差不多了。

10. 发好后的面团就变成小胖子了，在表面先筛一层面粉（分量外）。

11. 用刀片在面团中间割一个深口，旁边割几个像叶脉一样的花纹。

12. 烤箱以上下管 200℃预热好以后，先用喷壶往里面喷点水（分量外），然后将面包放入中层，烤 20 分钟左右即可。

7

8

婶子碎碎念

9

10

1. 加水量因面粉的吸水性不同会略有差异，所以只供参考。用直接发酵法做这款面包，所有时间加一起至少需要 3 小时，可以将面团揉好后放冰箱冷藏低温发酵一夜，第二天再用。

2. 红糖做的面包比较容易上色，所以如果烤箱上管温度偏高，可以将面包移到中下层避免表面上色过深，或者中途盖一层锡纸也行。

3. 我只加了红枣，这个面包就蛮好吃了，你可以再加进去点核桃等坚果。

4. 这个面包要的是嚼劲，再加上放了全麦面粉，所以无需揉到出手套膜，能拉出大片结实的薄膜，破洞边缘比较光滑就可以了。

5. 如果没有全麦粉，也可以直接用 250 克高筋粉。

11

12

杜果奶酪
软欧包

这款杜果奶酪软欧包，馅儿是用了一整块的奶油奶酪和杜果泥做的，咬一大口下去，真好吃啊。你也可以换成榴莲、火龙果或者是巧克力。我是觉得杜果的最好吃，所以就提前买了一个大杜果来做了。

食材和时间

🍞 **分量**　4 个

🕐 **时间**　3 小时以上

🥕 **材料**　法国老面材料：

　　　　高筋粉...........................175 克

　　　　低筋粉.............................75 克

　　　　水 .... 170 毫升

　　　　盐...................................5 克

　　　　即发干酵母.........................1 克

　　　　面团材料：

　　　　高筋粉...........................400 克

　　　　白糖..............................25 克

　　　　杜果泥............................80 克

　　　　（杜果即芒果）

　　　　水 .... 212 毫升

　　　　即发干酵母.........................5 克

　　　　盐 ....6 克

　　　　法国老面 ....120 克

　　　　黄油..............................25 克

　　　　奶酪馅儿材料：

　　　　奶油奶酪........................150 克

　　　　杜果果泥.........................40 克

　　　　糖 ....20 克

　　　　蔓越莓干 ....少许

　　　　表面装饰材料：

　　　　面粉...............................少许

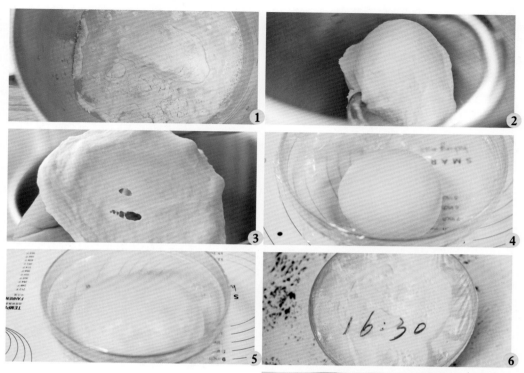

法国老面制作步骤

1. 将除了盐之外的法国老面的材料先放入揉面盆中。

2. 开始用厨师机揉面，揉三四分钟后静置20分钟，让它醒发一下，之后加入盐，继续揉三四分钟，面团会变得光滑。

3. 揉好的老面拉一下看看，起筋膜了就可以了。此时面的温度不要超过25℃。

4. 老面盖上保鲜膜防止水流失，放在室内静置1.5小时到2小时再放进冰箱即可。

5. 图中展示的是老面放了1.5小时后的样子，夏天气温高，能看到已经膨胀了。写一下现在的时间，然后放进冰箱冷藏14至16小时吧。

6. 这是第二天拍的图片，显示的是老面放在冰箱里16小时后的样子，长胖了不少。

7. 组织内部已经充满蜂窝状小洞，这时候就可以用了。法国老面冷藏最适合的温度为3℃。冷藏不宜超过48小时，超过的话法国老面就会出现过度的酸味，发酵能力也会下降。假如你做的法国老面太多用不完，可以分割成小块冷冻储存，冷冻时间不宜超过3个月。下次用的时候，需要室温回温1至1.5小时，老面温度达到15℃以上即可使用。

步骤

1. 把面团材料里除了老面和黄油的其他材料都倒进厨师机揉面桶里。

2. 开始揉面。所有材料很快就会混合成团了。揉到扩展阶段后停一下机器。

3. 加入法国老面和已经软化了的黄油块。

4. 重新开启机器揉面，一直揉到面团能拉出大片薄膜。

5. 揉好的面团放到盆子中收圆，静置发酵。

6. 发酵到两倍大小。手指头蘸面粉（分量外）戳个洞，面团不回缩、不塌陷即可。

7. 面团拿出来略微按压，排出比较大的气泡，静置 10 分钟。这里注意不要揉搓面团，否则会导致断筋的。

8. 将面团平均分割成 4 份，滚圆，静置 15 至 20 分钟，方便过会儿整形。

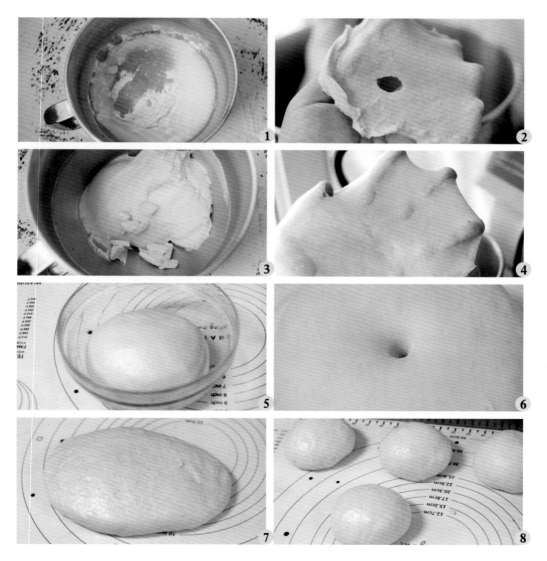

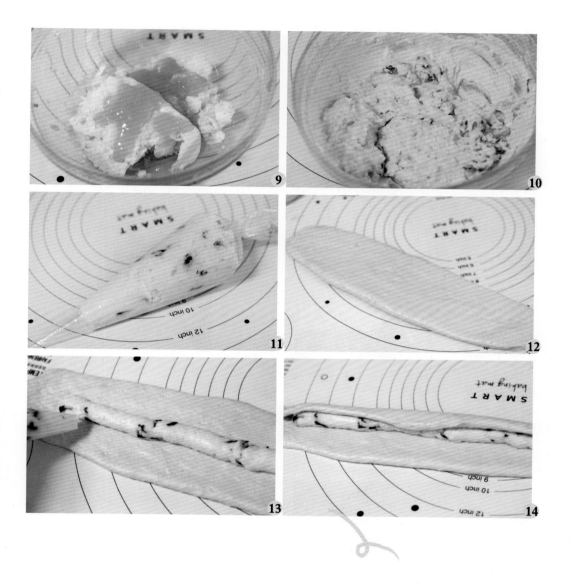

9. 奶油奶酪提前软化。之后加糖、杧果果泥，然后用打蛋器打发一下。

10. 打发好后倒入蔓越莓干，充分拌匀。这时候可以尝尝味道，进行调整。馅儿就做好了。

11. 将馅儿倒入裱花袋中。

12. 取一个静置好了的小面团先按扁，然后擀成一个比较狭长的牛舌状面片，翻面，再擀成一个更长的牛舌状面片，越长越好。

13. 用裱花袋在中间位置挤上一条馅儿，面饼的两端不要挤，因为还要封口。

14. 上边 1/3 面片卷下来，盖住馅儿。下面的面片也重复这个动作，将中间的馅儿包起来。

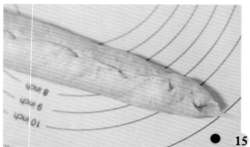

15

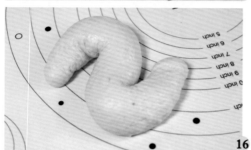

16

17

18

15. 封口的位置要捏紧，如果不捏紧，馅儿容易漏出来，就会烤爆了。

16. 再略微整理下面团，尽量弄成比较细长的形状，直接弯个 N 形。

17. 发酵至原大小的 1.5 倍左右。用面粉筛（我自己剪了一个）在表面筛一层表面装饰的面粉装饰。

18. 烤箱提前用上火 190℃，下火 200℃ 预热，之后烤 13 至 14 分钟即可。

"婶子碎碎念"

1. 杧果可以换成火龙果、榴梿等其他容易制成果泥的水果。因为面包的加水量是很灵活的，所以换水果后要根据面团的干湿程度决定液体最终的添加量，这里就没法统一说加多少了。

2. 用法国老面可以加快面团的发酵速度，但配方中老面的量不宜超过30%，添加过多会使面包发酵过快。老面要在主面团揉出筋膜后也就是揉到扩展阶段后再放，并且可以跟黄油一起放。这是因为提前放老面会影响主面团面筋的产生，并且容易让面团变得太软太烂，揉出筋膜来再放老面和黄油，面团就会比较有弹性了。

3. 整形的手法，大家可以根据自己的喜好来。我就挑个最简单的造型，新手也可以做。

4. 奶油奶酪可以提前软化一下，这样加入果泥后比较容易打发。甜度大家根据自己喜欢的口感调整吧。

 蒜香
软法包

喜欢吃咸味或者爱好大蒜口味的小伙伴可以试一下这个蒜香软法包。我添加了法国老面进去，所以成品更松软，更不易老化，口感和风味也更浓郁。用法国老面发酵是法国面包师常用的方式。他们从每天的法棍面团中取出一部分，放在冰箱中冷藏一晚，第二天这些面团就会成为好用的法国老面。法国老面的用料一般只有面粉、水、盐和酵母四种，因此几乎每种面包都可以用法国老面发酵。

食材和时间

🍞 **分量**　5 个

⏱ **时间**　3 小时以上

🪄 **材料**　法国老面材料：

高筋粉	175 克
低筋粉	75 克
水	170 毫升
盐	5 克
即发干酵母	1 克

软法面团材料：

高筋粉	400 克
白糖	25 克
水	250 毫升
鸡蛋液	30 克
即发干酵母	6 克
盐	6 克
法国老面	80 克

黄油	25 克

大蒜奶油馅儿材料：

蒜泥	20 克
黄油	40 克
盐	1 克
葱叶	20 克
水	少许

表面装饰材料：

卡夫芝士粉	适量
鸡蛋液	少许
葱油	少许
黄油	适量

步骤

1. 做好法国老面。做法可以参考 p.49 杧果奶酪软欧包中的法国老面制作步骤。
2. 把软法面团材料里除了老面和黄油的其他材料都倒进厨师机揉面桶里。
3. 开始揉面，揉到可以拉出膜。
4. 放入法国老面。
5. 同时放入提前软化的黄油块，继续揉面吧。
6. 揉到面团能拉出大片坚韧且半透明的薄膜即可。

7. 将面团收圆，放进盆子里。发酵到原先的两倍大。
8. 趁着发酵的功夫来做大蒜奶油馅儿。正统的大蒜奶油馅儿是要用新鲜欧芹制作的，但菜市场不好买，用葱叶代替。将葱叶切一切，然后倒入少量水，放进搅拌机内打成糊糊，沥水，只留葱碎使用。

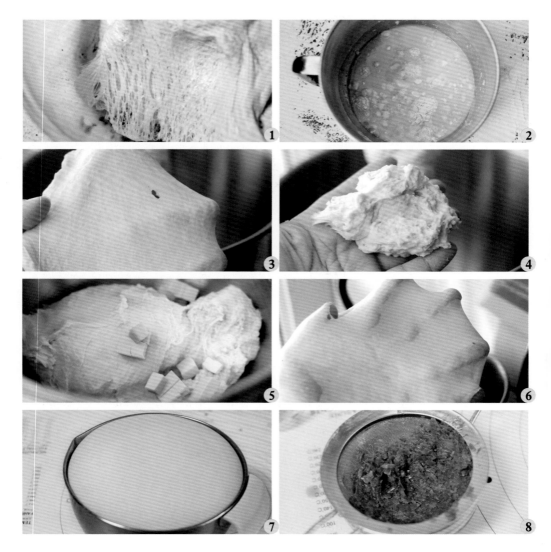

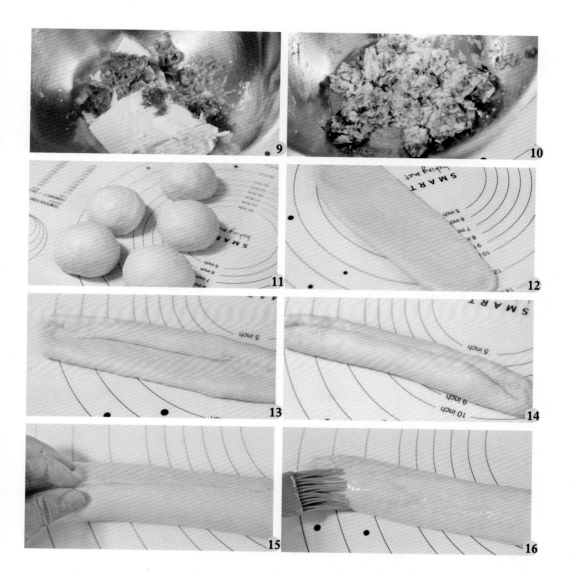

9. 将大蒜奶油馅儿料的所有材料放进盆子里，然后用厨师机搅拌均匀。用的蒜泥越细腻越好。黄油要用软化的，否则不好打发。

10. 图中是搅拌均匀后的样子。将大蒜奶油馅儿料放进裱花袋或者是用小勺子抹都可以。

11. 发酵好的面团平均分成 5 份，滚圆，松弛20 分钟，方便下一步整形。

12. 取一个小面团，擀成牛舌状的面片之后将它翻面，光滑的那面朝上，继续擀一下，擀成更加瘦长的牛舌状面片。

13. 上边的 1/3 往下折，压紧。

14. 底下的 1/3 往上折，压紧。

15. 将上下边黏合的地方捏紧。

16. 将封口朝下，整理成一个比较长的长条。表面刷一层鸡蛋液。

17. 涂了鸡蛋液的那面朝下，放到铺满了芝士粉的盘子上让另一面都粘上芝士粉。

18. 粘好芝士粉以后，将面团放到铺了油纸的烤盘里。

17

18

19

20

21

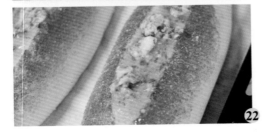

22

19. 将面团静置醒发吧。温度 38℃，湿度 85% 左右，发 40 分钟左右就可以了。

20. 用刀片在面包中间快速地割一道口，可以深一些。挤入软化了的黄油条，这可以让割口处更好看。撒上芝士粉。

21. 烤箱预先用上火 190℃，下火 210℃预热好。如果你有石板，烤箱又可以打蒸汽就打 4 到 5 秒的蒸汽再烤，这样就会烤出外脆里软的口感来。如果没有这条件就预热好以后将生坯放入中层，烤差不多 15 分钟。为了避免表面的芝士粉上色太重，可以在烘烤了七八分钟后，将上火调低至 170℃后再烤。

22. 出炉前的两分钟，迅速将面包拿出来，快速挤上或者涂抹上适量的大蒜奶油馅儿料，然后重新入炉烘烤 1 分钟即可出炉。

"婶子碎碎念"

1. 嫌麻烦的可以用直接发酵法来做。配方（成品5个）：高筋粉 280 克，低筋粉 120 克，奶粉 16 克，白糖 20 克，盐 4 克，即发干酵母 4 克，水 144 毫升，牛奶 120 毫升，黄油 20 克。

2. 法国老面可以加快面团的发酵速度，但配方中老面的量不宜超过 30%，添加过多会使面包发酵过快。剩余的法国老面冷藏保存。

3. 做好的大蒜奶油馅儿如果用不完，也可以直接涂抹到法棍或者是现成的吐司片上，再用 180℃烘烤两三分钟，就能做出很好吃的蒜香主食了。

咕咕霍夫

咕咕霍夫，是一款源于奥地利的甜点，也是法国阿尔萨斯的特产。它的外形很独特，是用一种中空螺旋形的模子做出的皇冠形，很抢眼。它也是欧洲很多家庭在圣诞节要做的糕点。它的做法和面包很相似，但口感又类似于蛋糕。

食材和时间

 分量　1 个直径 18cm 的咕咕霍夫（中空）

时间　3 小时以上

材料
高筋粉	250 克
即发干酵母	4 克
细砂糖	45 克
盐	5 克
鸡蛋液	70 克
牛奶	60 毫升
黄油	80 克
葡萄干	60 克
朗姆酒	适量
杏仁片	适量

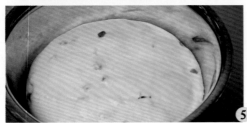

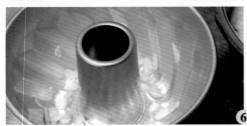

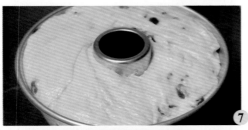

步骤

1. 葡萄干用朗姆酒提前泡软，沥干后备用。

2. 在面粉里挖个小坑放入酵母，避免与糖、盐提前接触。将材料里除了葡萄干、朗姆酒、杏仁片和黄油之外的所有材料都混合在一起。

3. 用厨师机揉面。揉成一个光滑的面团时，放入切成小块的黄油，揉到能拉出大片薄膜的状态。

4. 加入酒泡过的葡萄干。

5. 面团揉入葡萄干后，盖上保鲜膜。放到温暖处进行发酵，发到原先的两倍大小。

6. 将咕咕霍夫模涂一层黄油（分量外）防粘，然后放入杏仁片。

7. 将发酵好的面团取出按压排气，然后中间挖一个洞，放入模子中，不要放太满。再次放到温暖湿润处进行二次发酵，发到九分满就可以了。

8. 烤箱以180℃预热，然后将生坯放入中下层，上下火烤30分钟即可。

"娘子碎碎念"

1. 咕咕霍夫属于高糖、高油、口感较软的甜点，所以在揉面团的时候面团会有些湿，尤其加了黄油后，会比普通的面团更软、更容易粘住内壁。我中间停下几次刮了刮内壁再揉的，不过到最后面团就会变得光滑了。

2. 这个面团比较黏，所以最好用厨师机或者面包机来揉。

3. 这个模子没有的话就不用买了，可以换成六寸的戚风模具做成戚风蛋糕的样子。

三色蜜豆吐司

常规吐司做腻了，就来一个色彩鲜艳的尝尝吧。我用紫薯粉、抹茶粉加自制的蜜豆，做了这个三种颜色的吐司，切片后很受家里大小朋友们的喜欢。当然你可以用手头现有的材料将其换成可可粉或者咖啡粉味道的，随便这么一卷，切开后就有惊喜啦。

食材和时间

🍞 **分量** 1 个 450 克左右的吐司

🕐 **时间** 3 小时以上

🥕 **材料**
高筋粉...........................250 克
鸡蛋液............................50 克
细砂糖............................30 克
即发干酵母........................3 克
盐 ....3 克
牛奶............................ 115 毫升
黄油.............................30 克
抹茶粉............................4 克
紫薯粉............................4 克
蜜豆.............................适量
果酱.............................适量
圣女果...........................适量

①

②

步骤

1. 将除了黄油、抹茶粉、紫薯粉、蜜豆、果酱、圣女果之外的其他材料，按照湿性材料先混合，干性材料后混合的顺序放进盆中。

2. 材料放好以后就开始用厨师机揉面，材料从松散到成团大概需要1分钟的时间。先做成表面不光滑的面团，继续揉。

3. 随着揉面时间越来越长，面团的表面也会越来越光滑。此时将切成小块、软化后的黄油加入到面团中，继续揉到黄油完全被面团吸收。

4. 取一小块面团慢慢向四边拉伸，能拉出

手套膜就可以了。

5. 将揉好的面团分成3份。其中一个分好的面团做成原色面团，可以比其他的两个面团多20克左右，因为它要包在最外面用。之后给另外两个面团分别加入抹茶粉和紫薯粉。

6. 然后揉成3种颜色的面团。如果加了粉的面团较干，可以酌情再加2至3毫升的水。

7. 都揉好以后，三色面团就可以放到26至28℃，湿度75%左右的环境内发酵，发到原先的两倍大小即可。

8. 发好的面团先取出按压排气，静置 20 分钟后再用。

9. 擀成比吐司盒长度稍微短点的长方形。

10. 将原色面团放在最底部，表面涮一层水或者蛋液（分量外）增加黏度，再盖上抹茶色面团。之后铺一层蜜豆。

11. 蜜豆上盖紫薯色的面片，用擀面杖将 3 层面皮稍微擀一下压实。记住不要用力过大，稍微擀一下即可。

12. 从上到下将面片卷起来。

13. 卷成图中这样的状态就可以了。

14. 放入吐司盒中，进行二次发酵吧。

15. 发到 40 分钟的时候，面团在盒中已经快八分满了，盖上盖子，再发 10 分钟。此时可以开始以上下管 180℃预热烤箱了。

16. 吐司盒放入烤箱中下层，以 180℃烤 35 至 38 分钟。烤完后立刻拿出倒扣脱模，放凉后密封保存。吃的时候可搭配果酱和圣女果。

"婶子碎碎念"

1. 容易出膜的高筋粉一般都是吸水性比较好的。普通吐司面团的含水比例基本为 63% ~ 64%。如果使用吸水量高的面粉，面团含水比例达到 67% ~ 68% 都不会太粘手。

2. 抹茶粉和紫薯粉建议后加，一开始加的话就要分成 3 个面团来揉了，比较麻烦些。

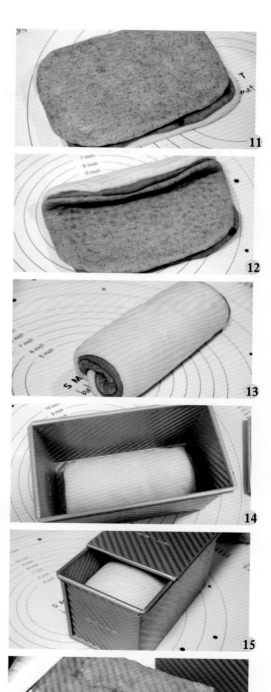

11

12

13

14

15

16

巧克力
斑马吐司

　　这个巧克力夹馅儿的斑马吐司的味道赢得了家人的一致好评,尤其是孩子们,特别喜欢吃。所以就算是外形做失败了也没关系,起码滋味是很好的。这是一款很耗费时间和精力的面包,因为需要至少两次的三折和擀压,还有编四股辫的操作。并且因为面包的面团在中途操作的时候需要松弛,再加上整形、做馅儿,时间就会比较长了,所以适合有耐心的小伙伴们尝试。

食材和时间

⚖ **分量**　2 个 450 克左右的吐司

⏱ **时间**　3 小时以上

🪄 **材料**　面团材料：

高筋粉..........................500 克
即发干酵母.......................6 克
盐 ....8 克
糖 ....60 克
鸡蛋（带皮约 55 克一个）....1 个
牛奶 .... 270 毫升
黄油..........................40 克

巧克力夹馅儿材料：

低筋粉..........................100 克
可可粉..........................15 克
黑巧克力 ....15 克
牛奶 .... 300 毫升
黄油..........................40 克
糖 ....60 克

步骤

1. 先制作夹馅儿。将黄油和黑巧克力放入盆子中。隔热水加热至液态。

2. 将 1/3 的牛奶倒进去，和黄油、黑巧克力搅拌均匀，之后将搅拌好的材料倒入锅中，再倒入剩下的牛奶搅拌。倒入糖继续拌匀。

3. 再筛入可可粉和低筋粉的混合物，拌匀，开始用小火加热。用硅胶刮刀不停地翻拌，将面糊中的水慢慢炒干。一直炒到接近凝固的状态。

4. 拿出来等到不太烫手后，利用保鲜袋擀成两个大片。放凉，放进冰箱冷冻两个小时。巧克力夹馅儿就做好了。

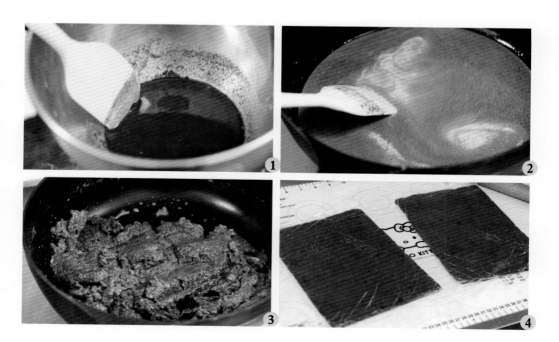

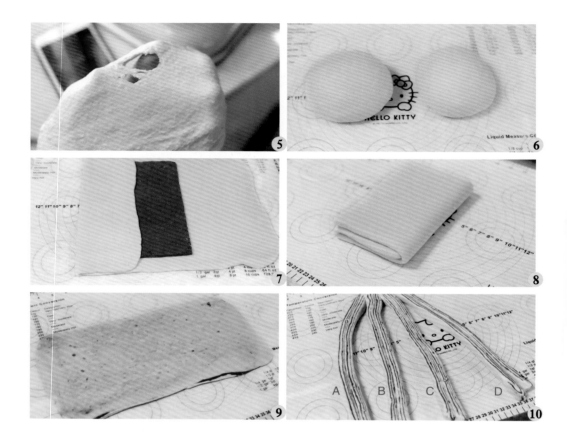

5. 将除了黄油之外的其他面团材料都放入揉面盆中。用厨师机开始揉面，一开始用1至2档将材料先混合，之后再提到3档将材料揉成团。揉至能拉出比较厚的膜，就可以下黄油块了。

6. 一直揉到黄油都被面团吸收，能拉出大片比较透亮的薄膜，也就是到手套膜阶段取出。面团收圆，平均分割成两份，再滚圆。盖上保鲜膜送去冰箱冷藏静置1小时。

7. 将冻好的馅儿的保鲜袋撕去，冷藏好的面团也擀成馅儿两倍大左右。在中间放上馅儿的方片。左边的面片盖过来，盖住馅儿的一半，右边的面皮也盖过来，之后将两个面皮捏紧。将面片旋转90°，

继续将面片擀开，擀成一个比较工整的长方形面片。

8. 然后将左边的1/3盖过来，右边也是盖过来1/3。面片就成了三层。这时候不要急着擀，拿去冷藏松弛10分钟后再擀，否则面片容易回缩，也擀不好。松弛好后，继续擀成一个长方形面片。这时候能够看到边缘处有一些变淡了，可以修剪一下让它好看些。

9. 重复上一个的步骤，再次将这个面片进行一次三折的操作，还是送去冷藏10分钟松弛一会再擀开。面片旋转90°，继续擀成一个长方形的大片。此时4个边缘的位置可能会有点露馅或者因为没馅儿而发白，切掉这些不好看的部分行了。

10. 将擀好的两片面片均匀地切成 8 个长条。切的时候要顺着较长的那边切，不是竖着切。两个长条为一组，将切面朝上并列粘在一起。四组长条按照图中这样将头先黏在一起。为了说清楚接下来的四股辫编法过程，我将面条分了序号 ABCD，方便大家看清楚。

11. 先将 A 搭过 B。再将 C 搭过 A。最后将 A 搭过 D，这样第一个编面包辫的流程就结束了，之后就是重复刚才的过程。

12. 将四股辫稍微整理一下，两头都捏紧。将两头收到面团的底部，两端也是捏紧不散开，整理出来好看的辫子部分。放在吐司盒的中间。两个吐司都做好。

"婶子碎碎念"

1.材料分量是做两个吐司的量。做一个，材料分量可以减半。

2.巧克力馅儿要熬煮到水收干，这样才能放在保鲜袋里擀压整形成大薄片。薄片的大小我做的大约是 22 厘米 ×16 厘米一个，大家可以参考。因为冻硬的时间需要久一些，所以这个馅儿大家可以提前一天做好，什么时候做就什么时候拿出来用即可。

3. 如果觉得做四股辫太难，也可以做成三股辫，就是切 6 份长条然后编两条辫子放入吐司盒中即可。巧克力馅儿也可以换成红豆馅儿或者是其他比较细腻的馅儿。这个馅儿不建议用不光滑的那种，要不然擀平后容易破皮，成品就不好看了。

13. 之后送去发酵。这个发酵的温度不要太高，28 至 30℃左右，湿度 80%，发到吐司盒的九分满就行。如果温度高了发酵后的麻花容易变得粗糙不平。发酵结束后，送去预热好的烤箱，以上下管 180℃烘烤 38 至 40 分钟，中途盖上锡纸防止表面上色较深。

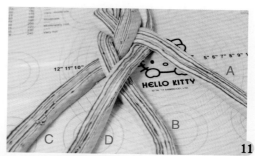

11

12

13

老干妈麻辣吐司

泡面是属于火车的，而宅男女神老干妈，则是属于大学生活的。这一瓶瓶火辣辣的酱料，陪伴了好多人的大学生涯。那么，用老干妈做的吐司会不会好吃呢？为了回答这一问题，我就做了这款有点暗黑系料理嫌疑的重口味面包。事实证明，它真的很好吃呀。烤的时候满屋子烤肉香味，冷却后切片吃到嘴里，则是有一点点的辣，甜中带着咸味的那种肉香味。吃腻了甜面包、奶油面包，又喜欢重口味的读者，真的可以来试试。

食材和时间

- 🍚 **分量**　2 个 450 克吐司
- ⏰ **时间**　3 小时以上
- 🥕 **材料**

高筋粉.........................500 克	清水.........................260 毫升
即发干酵母.....................5 克	老干妈牛肉酱..................50 克
白糖...........................60 克	黄油丁.........................40 克
盐.............................5 克	香肠丁......................... 1 小碗
鸡蛋（带皮约 55 克一个）	
.............................1 个	

步骤

1. 将除了黄油丁、香肠丁外的所有材料先放到盆子里混合。倒入厨师机内，开始揉面吧。老干妈牛肉酱会被一点点揉进面团里。

2. 揉到面团变光滑，能拉出很厚的膜就可以加提前软化的黄油丁了。

3. 继续搅拌面团，到黄油被完全吸收后，检查一下出膜的状态。揉到能拉出手套膜的状态就可以了。

4. 面团收圆后放进盆子里，然后放到温暖湿润处发酵，发到原来的两倍大左右。中间戳个洞，没有明显的回缩、塌陷就可以了。

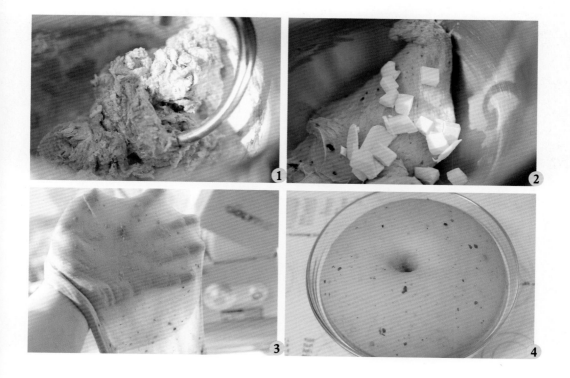

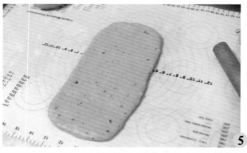

5

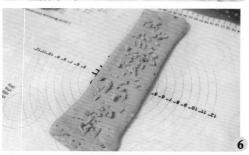

6

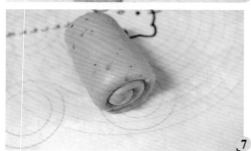

7

8

5. 取出面团，按压排气后静置 15 分钟，平均分成 4 份或者 6 份都可以，滚圆后再静置 15 至 20 分钟松弛下，方便下一步整形。取一个小面团，按扁后将擀面杖放中间，往上擀再往下擀，擀成牛舌状面片。之后翻面，擀成更大的牛舌状面片，然后整理成一个接近长方形的面片。

6. 左右两边往中间折过来，然后将擀面杖放在中间往上擀再往下擀。擀好以后放上香肠丁。也可以先抹一层老干妈酱（分量外）再铺上香肠丁。

7. 从上而下卷起来。 卷好以后，封口位置朝下放置。两个一组或三个一组放进吐司盒中，发酵。如果是盖盖子烤就发到八分满，如果不盖盖子就发到九分满。

8. 烤箱提前以上下管 180℃预热好，之后放中下层，烤 38 至 40 分钟。烤好以后尽快脱模，等到完全冷却后再切片食用。也可以再抹上一些酱料搭配食用。

"婶子碎碎念"

1. 老干妈酱我用的是有牛肉末的那种。配方里的水可以先留出来 20 毫升，看干湿度再决定要不要继续加。香肠丁可以省略不加。

2. 配方材料是做两个吐司的，如果你是用面包机来做的，可以减半或者换成 300 克高筋粉。

柚子茶吐司

如果你有喝不完的柚子茶，可以用它做这个大吐司，成品金灿灿的并且果香四溢。没有的话也可以换成其他果酱来做，等量更换应该问题不大。我用的直接发酵法制作，比较快。如果想让组织更加细腻柔软，保存期限也长，可以改成中种法来制作，成品放好几天之后还会非常松软。

食材和时间

🍞 **分量**　2 个

⏱ **时间**　1 小时（不含醒发、烤制时间）

🥕 **材料**　高筋粉.....................500 克

　　　　蜂蜜柚子茶.................100 克

　　　　（柚子茶的做法参见视频）

　　　　即发干酵母.....................6 克

　　　　鸡蛋（带皮约 55 克一个）

　　　　.....................................1 个

　　　　牛奶.....................约 250 毫升

　　　　盐..6 克

　　　　蜂蜜.................................30 克

　　　　黄油...............................40 克

①

②

步骤

1. 采用先湿料后干料的顺序在厨师机内放入除了黄油之外的材料。先开低档，将材料拌匀，接着开3至4档开始揉面，一直揉到材料成团、逐渐有弹性。

2. 等到面团能拉出比较厚的膜后加入提前切成小块的黄油，继续揉面，一开始面团会变得烂烂的，一直揉到黄油被面团完全吸收就好了。

3. 大概揉10分钟，剪下一块检查下，能拉出手套膜就可以了。这样做出的吐司组织比较细腻。

4. 面团收圆放到温暖湿润处发到两倍大。

5. 发好的面团要检查下。手指蘸点面粉（分量外）在面团中间戳个洞，无回缩、无塌陷说明发好了。

6. 将发酵好的面团取出来先按压排气，接着平均分割成6份，每份滚圆后盖上盖子或者保鲜膜静置，中间醒发15至20分钟后再操作。

7. 醒发好的小面团取一个按扁，然后擀成牛舌状后翻面，再稍微擀一擀整理下，做成长方形的面片。

8. 先将左边1/3折过来，然后将右边1/3也折过来压一压，用擀面杖将长条面片略微擀一擀让它变均匀。

9. 然后从上而下卷起来，变成这种小面卷的样子。

10. 3 个吐司卷为一组放到吐司盒里，做最后发酵。

11. 发到差不多九成满就行。

12. 发好的面团，用剪子在最高处剪一刀。

13. 放入切成小条状的黄油（分量外），这样成品好看些。也可以不放。

14. 烤箱提前用上火 160℃下火 200℃预热好，然后将生坯放中下层，烘烤 35 分钟左右就可以了。

9

10

11

12

13

14

"婶子碎碎念"

1. 如果换成中种法制作，配方如下：

中种面团需要高筋粉 350 克、牛奶 210 毫升、即发干酵母 6 克（配方里全部的酵母量）；主面团需要高筋粉 150 克、牛奶 40 毫升、鸡蛋 1 个、蜂蜜 30 毫升、蜂蜜柚子茶 100 克、盐 6 克、黄油 40 克。

2. 卷小面卷那步，卷太紧了容易发不起来、长不高，卷太松了又会有大气泡，所以多多练习吧。

3. 烘烤时间因为烤箱不同、吐司盒不同会有细微差别。正常应该是以上下管 180℃烤 35 至 40 分钟。低糖吐司盒烤的时间还要短 5 分钟。烤箱内腔不大的容易表面上色过深，要盖锡纸，所以你可以调低上管温度增加下管温度去试试。我也是每次烤都会换换，所以以上的时间和温度只供参考。

吉祥三宝小餐包

相比个头大又松软的大吐司，我更爱这种有料的调理小面包。它的面团是不需要揉到出手套膜的，所以用面包机或者手揉面也可以。就算面团做得不那么松软，带着配料吃也是很可口的。不大会做面包的真要试试这个配方——自己吃，要求不高。不想用黄油就跟我一样用玉米油或者橄榄油即可。

食材和时间

🍞 分量　大约 16 个

🕐 时间　3 小时以上

🥄 材料　面团材料：

　　高筋粉..........................300 克

　　奶粉..............................12 克

　　即发干酵母.......................4 克

　　鸡蛋液...........................35 克

　　水.............................150 毫升

盐...................................3 克

细砂糖..............................45 克

玉米油..............................30 克

装饰材料：

鸡蛋片、火腿薄片、芝士片

.................................各适量

沙拉酱............................少许

鸡蛋液............................少许

步骤

1. 所有面团材料倒入面盆中混合，然后用厨师机揉面。

2. 揉到面团可以拉出大片薄膜的状态。将面团收圆放进盆子里。

3. 放到温暖湿润处发酵到两倍大，戳个洞不回缩即可。

4. 将面团按压排气，经过十几分钟的等待后按照 29 至 30 克一个的标准分割。分割好的小面团揉圆，四个一组摆成"口"字形之后继续发酵，发到呈"白胖子"状即可，大约 40 分钟吧。

5. 表面刷一层鸡蛋液，这一步是为了能粘住装饰材料。将鸡蛋片、火腿片、芝士片都盖好。表面再挤上少许的沙拉酱。之后放入烤箱，以上管 180℃，下管 170℃烤大约 15 分钟即可。

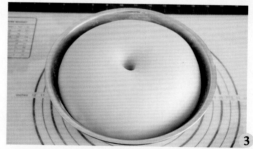

"婶子碎碎念"

1. 配方里的液体加入的量要灵活调整。

2. 鸡蛋提前煮熟，切片的时候将蛋身立起来切才不会散掉。

3. 大家工具温差不同，所以时间仅供参考。

咖啡
巧克力包

这个咖啡巧克力包我很喜欢,自带浓郁的咖啡香气和巧克力的甜蜜味道,出炉后全家都很捧场,所以值得一做。一共做了6个,成年人早餐吃一个就很饱了。因为用的汤种法,所以成品放两天后也是很松软的。它算是好做又好吃,可以跟面包店里的"包包"一拼的面包吧。建议大家试试。

食材和时间

- 🍞 **分量**　6 个
- 🕐 **时间**　3 小时以上
- ✏️ **材料**　汤种材料：

　　　高筋粉............................60 克
　　　95℃的热水.................60 毫升

　　　面团材料：

　　　咖啡粉............................16 克
　　　热水.........................100 毫升
　　　高筋粉..........................400 克
　　　汤种............................60 克

白糖...60 克
盐...5 克
即发干酵母...............................5 克
牛奶......................................155 毫升
黄油...32 克
巧克力豆.................................50 克
小麦胚芽................................少许
（没有可以用芝麻代替）
鸡蛋液................................少许

步骤

1. 将 60 克的高筋粉和 60 毫升的热水混合，快速搅拌。成团后彻底放凉，汤种就做好了。

2. 咖啡粉加入 100 毫升热水冲泡均匀，放凉了使用。将面团材料的高筋粉、白糖、盐、酵母、牛奶、做好的咖啡液和 60 克汤种都放进揉面盆中。

3. 开始揉面，面团很快就会成型了。成型后可以停一下机器，试试面团的干湿度，

如果有点干可以再加点水（分量外）。揉五六分钟后，拿出面团检查下，要是能够拉出比较厚的膜就可以放黄油了。

4. 黄油刚加进去时，原本光滑的面团会变得烂烂的，继续揉就行，等到黄油被完全吸收就又会变得光滑了。面团揉光滑后，停机检查下出膜的状态，揉到能拉出大片的薄膜就可以了。

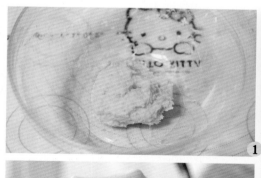

5. 倒入巧克力豆，档位调低点，将巧克力豆揉进面团里。如果速度太快容易把豆子搅拌碎。

6. 之后将面团取出，收圆，放到盆子里送去温暖湿润处发酵到原先的两倍大小。发好的面团，中间戳个洞，没有明显的回缩就可以了。

7. 面团拿出来按压排气，之后平均分成6份，各自滚圆再静置20分钟松弛，方便下一步整形。

8. 取一个小面团，先擀成椭圆形之后翻面继续擀一下，底边压薄。从上而下卷起来，能看到两端是有点尖尖的，变成梭子状。

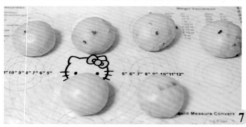

9. 表面刷一层鸡蛋液，黏上一层小麦胚芽。整理好的面包放进烤盘内。

10. 剪刀与面团垂直，剪出四个口子来。二次发酵大概40分钟，到原先的两倍大小。用上下火180℃，烘烤15分钟左右即可。

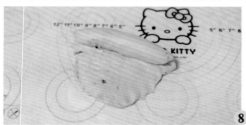

"婶子碎碎念"

1. 教程里的液体写的是大概的量，大家根据自己的面团湿度来灵活调整吧。

2. 180℃，15分钟是烘烤大部分调理面包的参考值，但因为大家烤箱温差不同，所以最后几分钟你要看紧了，别烤煳了。

3. 因为汤种材料在制作中会因水分蒸发而损耗，所以配方里的汤种材料多做了一些，做好后取出60克，放到面团材料中使用。剩下的汤种可以放入冰箱冷藏，三天内用完即可。

可可多层
肉松包

这个面包，直接复刻了我原先常光顾的一家面包店的招牌作品。只不过原作的表面淋了巧克力和原味两种颜色的墨西哥酱，而太复杂的装饰不适合咱们以简单方便为特点的家庭面包，所以我就进行改良，做成了最常见也方便做的欧包外形。

食材和时间

🍞 **分量**　3 个

⏱️ **时间**　3 小时以上

🥄 **材料**　面团材料：

高筋粉..........................250 克

细砂糖............................40 克

即发干酵母、盐 ....各 3 克

鸡蛋液............................30 克

水 .... 125 毫升

奶粉、可可粉..............各 10 克

黄油..............................25 克

（可用 28 克玉米油代替）

内馅儿材料：

沙拉酱、肉松................各适量

步骤

1. 将面团材料中除了黄油、可可粉以外的其他材料混合在一起，如果你用玉米油，直接混在一起就行了。用厨师机揉到能拉出大片薄膜就行了。

2. 然后将面团取出揉圆。之后将面团分成两份，揉圆，其中一份比另一份多 10 至 15 克就可以了。取稍微大点的那个面团，加入可可粉揉成咖啡色的面团，如果面团太干不好揉，可以适当加 3 至 4 毫升水（分量外）调整，但别加多了，加多就会让面团变得黏糊糊了。

3. 将两个面团放在温暖处进行发酵，发到原先的两倍大。发好的两个面团都取出按压排气，静置 10 分钟。

4. 两个面团静置好以后，先取白色面团，按照 3 ：2 的比例分成 2 份。然后将比较大的白面团平均分成 3 份，滚圆后静置松弛 15 分钟。小点的白面团也平均分成 3 份，滚圆后同样静置松弛 15 分钟。

5. 咖啡色的面团也按 3 ：2 的比例分成两份。和刚才分割白面团的方法一样，将咖啡色面团分成 3 份大的、3 份小的面团，滚圆后静置松弛 15 分钟。

6. 现在开始整形了。因为每个面包从内到外都是按白色小面团至咖啡色小面团至白色大面团至咖啡色大面团这四种颜色和大小顺序来包裹的，所以要先取一个小的白色面团用来做面包最里面的芯儿。小的白面团擀成牛舌状面片。之后表面刷一层沙拉酱，边缘部分不用刷。然后铺上一层肉松，你可以用市售的也可以用自己做的。

7. 卷成橄榄形，接缝处要捏死，否则过会发酵的时候容易爆开。再来做第二层，取一个小的咖啡色面团，继续擀成牛舌状面片。抹沙拉酱撒肉松。在刚才做好的橄榄形白面团的封口处抹一点沙拉酱，然后封口朝下放到铺了肉松的咖啡色面团上。

8. 用咖啡色面团将白色面团包起来，依然是包成橄榄形，接缝处要捏死。继续做第三层，这时候要取一个大的白色面团了，擀成牛舌状面片。还是抹沙拉酱、撒肉松。做法跟前面的步骤一样，能看到这时候包的面团已经成为一个白胖子啦。

9. 来包最后一层吧，取大的咖啡色面团，这次擀的片可以大一些，做成接近于长方形的面片，方便包裹。抹完沙拉酱和肉松后，放入大白胖子面团。确实够大的了，所以要仔细包好，接缝处捏死。将接缝处朝下，然后整理一下包好的面团，尽量整理成图中这种橄榄形。

10. 之后将面包放到铺了油纸的烤盘上，然后放到温暖湿润处进行第二次发酵，发 40 至 60 分钟。二次发酵结束后，用锋利的刀子在面团表面快速割三下，然后筛上高筋面粉（分量外），整形就结束啦。烤箱以 180℃预热，面包放中层，上下火烘烤 15 分钟就可以了。

"婶子碎碎念"

1. 面包的配方跟蛋糕和饼干不同，液体的分量会根据大家用的面粉不同以及操作环境的干湿度不同而调整，所以要根据自己面团的状况来调整加水量。

2. 可可粉也可以用咖啡粉来代替。

花形 墨西哥包

墨西哥包其实并不源于墨西哥，而是来自香港的茶餐厅。它介于菠萝包和日本蜜瓜包之间，外有脆皮，内有奶黄馅，很多人都喜欢吃。但像今天这种花纹式的墨西哥包，则属于好吃又好看的代表了。虽然制作过程有点难度，但是烤出来发表后绝对会让你"惊艳"朋友圈的。

食材和时间

🍚 分量　8个

🕐 时间　3小时以上

🥕 材料　面团材料：

高筋粉	200 克
低筋粉	50 克
细砂糖	40 克
鸡蛋液	35 克
奶粉	10 克
盐	3 克
即发干酵母	3 克
水	115 毫升
玉米油	25 克

外皮材料：

黄油	60 克
细砂糖	50 克
鸡蛋液	50 克
低筋粉	57 克
可可粉	3 克

内馅儿材料：

肉松、沙拉酱	各适量

步骤

1. 将所有的面团材料都放进盆内，用厨师机开始揉面。这个面包的面团揉到扩展阶段就可以了。

2. 揉好的面团收圆后放到盆子里进行基础发酵，要求温度 28℃，湿度 75% 左右。发酵到原先的两倍大左右。

3. 将发好的面团取出，按压排出内部的气体，之后平均分割成 8 份并滚圆。每一份滚圆后再静置 15 分钟。取 4 个小面团，先按扁再擀成圆形面片。先涂上一层沙拉酱，再放入适量的肉松。

4. 将面片包起来，封口封紧。然后封口朝下放入烤盘中。再取剩下的 4 个小面团，逐个擀成牛舌状面片。也是先涂上沙拉酱，

再放入适量的肉松。

5. 从一边卷起来，用压薄的另一边来收口。将封口朝下，将面团的两边整理一下，弄成梭子形状。

6. 将生坯放入烤盘后，进行二次发酵。发到两倍大就可以进炉了，因为加热后还会再膨胀不少的。

7. 趁着二次发酵的时候制作外皮。黄油切块后室温软化。黄油中加入细砂糖，用打蛋器充分打发均匀，再分次倒入鸡蛋液打发均匀，避免蛋油分离。

8. 因为要做两种颜色的外皮，所以打发好的黄油蛋液糊要平均分成两份后再进行下一步。第一份黄油糊中，筛入 30 克的低筋粉，

然后拌匀至没有干粉的状态。第二份黄油糊中，筛入 27 克低筋粉和 3 克可可粉，也是拌匀后使用。

9. 将两种颜色的面糊都倒入裱花袋，袋子顶部剪一个小口备用。先用原味面糊在圆形的面包坯上挤出均匀的螺旋形状。面糊挤到面包坯上部即可。之后换可可颜色的面糊，挤到原味面糊的中间，看起来就是黑白相间的样子。找一个牙签，从下往上在外皮面糊上划出好看的花纹来。

10. 再整理梭子形的面团，先挤出原味面糊来。然后在白色面糊的间隙补上可可味的面糊，成品也是黑白相间的样子。

11. 烤箱以上下管 180℃提前预热，之后放入圆形面包生坯烤 15 分钟即可。外皮的面糊遇热后会化成液态，渐渐流淌下来。梭子形面包生坯也是以 180℃烤 15 分钟。原本有间距的双色面糊，遇热后就融合到一起了。

"婶子碎碎念"

1. 教程里的液体写的是大概的量，大家根据自己的面团湿度来灵活调整吧。

2. 180℃温度下烤 15 分钟是烤大部分调理面包的参考值，但因为大家烤箱温差不同，所以最后几分钟你要看紧了，别烤糊了。

3. 因为墨西哥面糊预热会化，所以最多挤到表面 1/3 处就可以了，放得太多容易流淌到烤盘上。

香蕉可可
梅花包

这是一个我非常喜欢的花式造型面
包，用了香蕉和可可来增添风味。对于
面包新手来说，一步步地来，也能做出
这么好看的花形包来的。面粉真是很神
奇的东西，每次用它都会找到不同的感
觉。这次，就让我们一起用面粉做出绽
放的花朵吧。

食材和时间

- 🍱 **分量** 3 个
- ⏱ **时间** 3 小时以上
- ✎ **材料** 高筋粉..........................300 克
  鸡蛋液..........................30 克
  细砂糖..........................40 克
  香蕉..............................90 克
  即发干酵母....................4 克

盐 ....4 克
可可粉..........................10 克
牛奶......................... 100 毫升
黄油..............................30 克
千层酥皮........................1 张
食用油.......................... 少许

步骤

1. 先将香蕉用擀面杖碾成细腻的香蕉泥。如果不急着用就加入一些柠檬汁（分量外）防止香蕉变黑。

2. 将除了黄油、千层酥皮、食用油之外的其他材料倒入面盆中混合。

3. 一直将面团揉到变光滑，然后加入切成块状的黄油，继续揉面。

4. 面团会越揉越筋道。一开始是图中这种一拉就断、破洞边缘不光滑的状态。

5. 再揉一会儿就会变成可以拉出膜的扩展阶段了。

6. 在盆子中抹少许油，面团收圆放进盆子中，到温暖湿润处发酵到两倍大小。

7. 中间戳个洞，不回缩、不塌陷就表示发酵好了。

8. 将面团按压排气。

9. 平均分成 15 份，分好的小面团滚圆后继续静置 15 分钟，可以盖上保鲜膜防止面团的水流失。

10. 取一个小面团，擀成牛舌状面片。

11. 将两边捏在一起。一定要捏紧，以免发酵的时候爆开。

12. 将面团翻过来，整理成梭子形。

13. 像图中这个样子将面包摆成五瓣花的形状。

14. 三个面包生坯都做好以后，继续放到温暖湿润处进行第二次发酵，发大约 40 分钟。

15

16

17

18

19

15. 找一个圆形的东西，盖在花朵的中央部分，然后筛少许的高筋粉（分量外）。

16. 拿下来后用刀片在生坯上划出花纹。

17. 将千层酥皮用饼干模或者花型模子切出花朵来。没有千层酥皮，可以用饺子皮或者胡萝卜片之类的代替。

18. 将酥皮花放到面包的中心部分。

19. 烤箱以上下管180℃提前预热好，然后烤大约10分钟，然后将上管温度调到200℃再烤5分钟即可。

"婶子碎碎念"

1. 因为大家用的面粉的吸水性以及香蕉含水量都不同，所以液体的分量仅供参考。

2. 整形部分比较耗时，尽量做工整一些，这样烤出来的花瓣才好看。

3. 最后几分钟将上管温度调高，主要是为了把酥皮花烤上色，以及让面包上色好看。

4. 这个面包无需揉到出手套膜阶段，到扩展阶段就可以了。

 # 肉松
面包卷

面包卷做起来并不难。首先，面团要尽量揉得软一些，尽可能多加一些水。家里有厨师机、面包机的，可以用直接法揉到能拉出手套膜或者大片膜的状态。对揉出手套膜没太有信心的读者，也可以采用中种法来做。其次，面包不能烤太久，并且出炉后表面要喷点水盖起来，等到温度下降后再操作。注意了这两点，想做出不开裂的面包卷就容易多了。

食材和时间

🗄 **分量**　2 大卷

🕐 **时间**　3 小时以上

🥕 **材料**　面团材料：

高筋粉.............................500 克

鸡蛋（带皮约 55 克一个）...1 个

牛奶............................. 280 毫升

盐 ....8 克

糖 ....60 克

黄油..............................50 克

即发干酵母.......................5 克

装饰材料：

沙拉酱............................. 少许

葱花................................. 少许

肉松................................. 适量

鸡蛋液............................. 少许

白芝麻............................. 少许

步骤

1. 将除了黄油外的其他面团材料都放入揉面桶内，用厨师机揉面。

2. 揉到所有的材料拌匀变成一个面团，并且这个面团可以拉出比较厚的膜后停一下。

3. 这时候加入提前切好并软化的黄油块，继续揉面，刚加入黄油时面团会变得烂烂的，

没关系，继续揉，一会就会变得光滑了。

4. 一直揉到能拉出大片薄膜的状态。

5. 将面团收圆放到温暖湿润处进行基础发酵，发到原先的两倍大小。

6. 发好的面团中间戳个洞，不回缩、不塌陷就是好了。

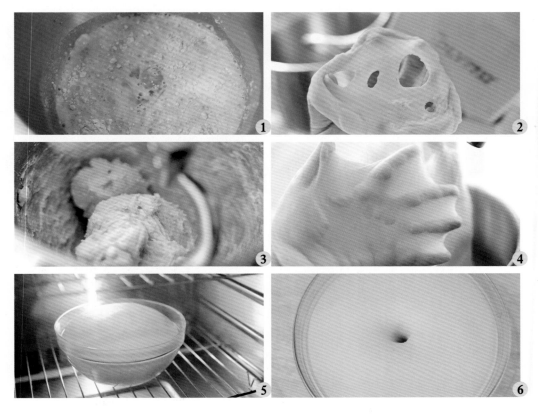

7. 面团拿出来先按压排气，然后分割成两份，滚圆后静置 20 分钟，再次醒发，否则过会儿擀大片时面团容易回缩。

8. 醒发结束后，取一个小面团擀成大片，尽量擀成 28 厘米 ×28 厘米的大片。

9. 在整理好的面片上，用叉子或者牙签戳一些洞，这样可以避免再次发酵时面片鼓起。

10. 将两盘面包片都弄好后再次发酵。这次的温度不用太高，33℃至 34℃就可以，时间为 40 分钟。

11. 醒发好之后拿出来先刷一层鸡蛋液。

12. 再均匀地撒上一层白芝麻和葱花。

13. 烤箱以上下管 180℃提前预热好，然后放入中层，烘烤 12 至 13 分钟，至表面上色即可。

14. 这个面包不建议烘烤时间超过 15 分钟以上，因为烤得表面干燥了卷的时候就容易裂开。图中是我烤好的样子。

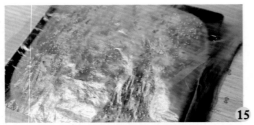

15

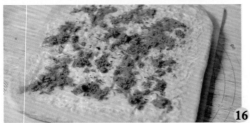

16

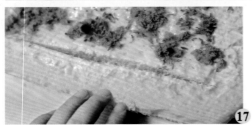

17

18

19

20

15. 出炉后的面包片先在表面喷点水，然后盖上保鲜膜防止风干，一直放到不烫手。

16. 取一张油纸，将烤好的面包片反面朝上放上去，先抹一层沙拉酱，再铺上一层肉松。

17. 在底部位置横着划一刀，但不要划断，这样做是为了卷到最后的时候避免鼓包，方便封口。

18. 用油纸辅助，从上而下将面包片卷起来。用透明胶将油纸卷缠一下包紧，避免松开。

19. 大约固定 20 分钟，将油纸放开。

20. 将不整齐的边缘部切掉，然后切成段，两端都涂好沙拉酱，再粘上肉松即可。

"婶子碎碎念"

1. 这个面团揉到出手套膜最好，或者能拉出大片膜也可以。

2. 没有正方形的烤盘就直接用普通烤盘即可。正方形的烤盘更容易将面包片做平整一些。

3. 烘烤时大家注意自己的烤箱温差，我用的烤箱温控比较准，所以以180℃烤13分钟就差不多了，温度太高或者是烤的时间多于15分钟表面容易干，卷起来容易开裂。出炉后在表面喷点水盖上保鲜膜也是为了让面皮能够保湿，放凉后方便卷。面包片刚出炉时会比较脆，彻底放凉后面皮又会变硬，所以要在温热的时候卷起来，太热或者凉了后卷都不理想。

断指
热狗包

这个热狗包想要做得造型逼真,"手指头"就得做得像,特别是在用刀子刻"指甲"和"手指关节"的时候,尽量做得逼真度高一些。

食材和时间

 分量　6个

时间　3小时以上

材料　面团材料:

高筋粉..........................220克

全麦面粉.......................30克

鸡蛋液.........................20克

即发干酵母.....................3克

盐.............................3克

砂糖...........................25克

水.........................135毫升

玉米油.........................25克

装饰材料:

鸡蛋液.........................少许

即食燕麦片.....................少许

西红柿酱.......................少许

其他材料:

香肠...........................适量

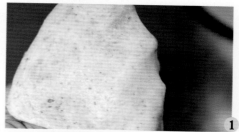

1

2

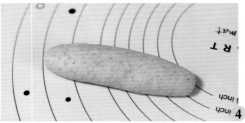

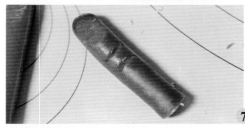

步骤

1. 将所有面团材料混合，用厨师机揉面，材料会逐渐成团，揉到能拉出大片膜即可。

2. 将面团收成一个光滑的面团。放到温暖湿润处进行基础发酵，发到原先的两倍大小。发好的面团按压排气。

3. 平均分成 6 份，滚圆，继续静置 15 分钟让面团充分松弛。取一个小面团，擀成牛舌状面片。将一边像图中这样压薄。

4. 然后从上而下卷成梭子状，刚才压薄的地方收尾封好。把 6 个小面团都弄好，然后放到烤盘里。

5. 面团继续放到温暖湿润处发酵 40 分钟左右。表面刷一层鸡蛋液，再撒少许的即食燕麦片装饰。

6. 放入烤箱中层，以上下管 180℃烤 15 分钟左右就可以出炉。等到面包不烫了，从中间横剖一刀，别切断。

7. 香肠放烤箱中，以 180℃烤 8 分钟左右。之后用刀子割出"指甲"，还有"手指关节"等部位。

8. 将"手指"放进热狗包里，再挤点西红柿酱就可以了。

"婶子碎碎念"

1. 热狗包我用了自己做的，如果懒得做，直接买现成的面包割开用就行了。

2. 大家用的高筋粉吸水性不同，所以加水量仅供参考，有 10 毫升左右的误差。

3. 香肠尽量用跟手指差不多粗细的，否则会不像。

蒸黑米纸杯蛋糕

　　相比烤的蛋糕，清蒸的蛋糕口感更嫩一些，组织更绵润些，当早饭或者休闲点心吃也不会太干。只不过想要蒸出来的蛋糕蓬松好吃，得用打发的蛋白，如果是用直接搅拌的蛋糕糊，蒸出来感觉口感偏实一些。除了黑米粉，大家也可以加少许其他的杂粮粉，增添一些风味。

食材和时间

- 🍰 **分量**　6 个纸杯蛋糕
- ⏱ **时间**　1 小时
- 🥕 **材料**　黑米粉.........................30 克
  低筋粉........................100 克
  鸡蛋（带皮约 50 克一个）...3 个
  糖.................................40 克
  牛奶.........................100 毫升
  玉米油........................20 克
  熟白芝麻........................少许

步骤

1. 先将蛋白和蛋黄分开。我直接将蛋白留在厨师机里了。蛋黄是单独找盆子装的。
2. 蛋黄打散后倒入牛奶拌匀，再加入玉米油拌匀。
3. 筛入黑米粉和低筋粉，然后用画"之"字的方式拌匀。
4. 拌匀即可，不要搅拌太久，否则容易起筋。
5. 打发蛋白。40 克糖要分三次加进蛋白里，一开始先不加糖打，出大气泡后加第一次。
6. 剩下的两次加糖步骤，都是打一会蛋白加一次糖。蛋白打发到能拉出弯钩就可以了。

7. 不要打得太硬，要不然下面拌匀的时候比较容易出现白色块。

8. 将 1/3 打发好的蛋白加入黑米糊中拌匀，用切拌手法拌，避免消泡。

9. 然后将拌匀的黑米蛋糕糊倒入剩下的蛋白霜里继续拌匀即可。

10. 将面糊倒入到模具中，九分满就可以了。

11. 先把水用大火烧开，然后将蛋糕放进蒸锅里改中火蒸 20 分钟左右，关火闷 3 分钟再开盖子。如果用蒸箱做，先把蒸汽开关打开，预热 10 分钟后再放入蛋糕，蒸 25 分钟左右即可。

12. 蒸的过程中，能看到蛋糕会膨胀一些，但是不像烤的蛋糕那样明显"长个"。

"婶子碎碎念"

1. 蛋糕糊前面的制作手法跟制作戚风一样，还是注意要避免消泡。

2. 用蒸锅做的话，一定要做好措施避免水滴落到蛋糕表面。用纸杯做的，可以用毛巾把锅盖包一下。用六寸戚风模做的，可以在表面盖保鲜膜，或者盖一个平盘。

3. 蒸的蛋糕不会像烤的那样长很高，特别是用六寸模具做的，更矮一些。

4. 将黑米加入破壁机中打成粉就是黑米粉了，你也可以换成小米粉、全麦粉等其他杂粮粉和低筋粉来配。都没有就全部用低筋粉即可。

7

8

9

10

11

12

红枣小米养生蛋糕

用红枣做的蛋糕，散发出浓郁的红枣味，让人爱不释口。我又加了小米粉，让成品有健脾和胃、补益虚损的功效，所以这个蛋糕的营养、颜值和味道都是上乘的。烤的时候，它散发出满屋子的红枣香气，拿出来后很快就被大家瓜分干净了。这真是一款老少咸宜的养生蛋糕。

食材和时间

🍰 分量　1个8.5寸学厨方形蛋糕

⏲ 时间　30分钟（不含烤制时间）

🥕 材料　红枣泥材料：

干红枣...........................130克

清水.................................2碗

红糖.................................80克

其他材料：

小米粉.............................30克

低筋粉...........................130克

玉米油.............................20克

无铝泡打粉........................3克

鸡蛋（带皮约55克一个）...6个

白砂糖.............................20克

白芝麻.........................一小把

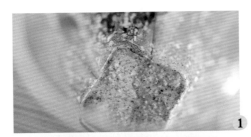

步骤

1. 先来做红枣泥。将干红枣洗干净后去核，剪成大块。放入料理机或破壁机内加入清水打成红枣泥。

2. 打好的红枣泥放入锅中加入红糖，如果太厚可以加点水（分量外），然后开始熬煮，煮到水慢慢变干。

3. 熬煮到用铲子划过红枣泥纹路不会马上消失的状态就可以了。

4. 红枣泥凉下来以后会更加黏稠的。在放凉的红枣泥中先倒入 6 个蛋黄拌匀。

5. 再倒入玉米油继续拌匀。

6. 这时候准备好泡打粉、小米粉和低筋粉。

7. 小米粉、低筋粉和泡打粉过筛到红枣泥糊中，然后拌匀备用。

8. 剩下的 6 个蛋白，打发时分三次逐步加入 20 克的砂糖。打发蛋白霜，打发到有弯钩的状态。

9. 取 1/3 的蛋白霜倒入红枣蛋糕糊中切拌均匀。

10. 再取 1/3 蛋白霜重复刚才的步骤。

11. 将面糊倒回剩下的蛋白霜内，继续用切拌的手法拌匀。

12. 拌匀后的面糊呈缓慢滴落的状态。因为这个蛋糕糊内有大量的红枣泥，所以比起普通的蛋糕糊会沉一些，绵润一些。

13. 将做好的蛋糕糊倒入蛋糕模具内，然后磕几下震出大气泡。表面再撒点白芝麻。

14. 烤箱上下管 170℃预热好，然后将蛋糕坯放入中下层，烤 50 至 55 分钟。中途给蛋糕表面加盖锡纸防止表面上色过深。

15. 烤到还剩五六分钟的时候，用竹签戳入蛋糕体内部，看有没有蛋糕糊粘在竹签上，如果没有就说明蛋糕内部烤熟，可以出炉了。如果有蛋糕糊粘在竹签上就继续烤一会。

16. 出炉后等蛋糕稍微冷却一下脱模切块即可。

"婶子碎碎念"

1. 模具是 8.5 寸方形活底模，如果你没有，可以换成 8 寸戚风模，或者是用比较小的蛋糕模来烤。但如果用小模具的话时间和温度都要调整一下。可以用 175 至 180℃，烤 25 分钟左右试试，还是用竹签插入蛋糕体的方式查看熟没熟。

2. 红枣泥要熬煮到比较黏稠的样子后再用，否则会太湿。

3. 这个蛋糕里的泡打粉不要省略，因为红枣泥本身比较沉，加入蛋糕糊中后容易沉底，泡打粉可以让蛋糕体膨胀些，避免制作失败。

杂粮粉戚风蛋糕

这个 8 寸的杂粮粉戚风蛋糕，用的是自己磨的熟黄豆粉，所以吃起来特别香。用黄豆粉搭配小米粉和低筋粉来做，成品会比普通的蛋糕更有韧性和嚼劲，杂粮风味也更浓，可以给家里两个娃儿当两天的早餐主食。如果没有小米粉的话，换成等量普通低筋粉也是可以的，烤出来都有浓郁的豆香味。

食材和时间

🍚 **分量**　1 个直径 8 寸的中空戚风蛋糕

⏱ **时间**　1 小时（不含烤制时间）

🥕 **材料**　鸡蛋（带皮约 55 克一个）..7 个

　　　　　熟黄豆粉 ....40 克

　　　　　小米粉.............................20 克

　　　　　低筋粉.............................70 克

　　　　　玉米油.............................70 克

　　　　　豆浆 ....100 毫升

　　　　　细砂糖.............................80 克

1

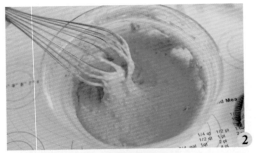

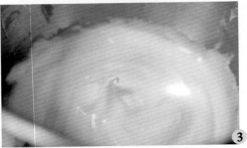

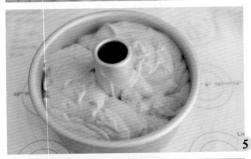

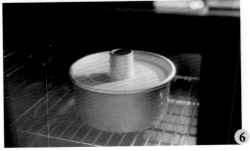

步骤

1. 将 7 个鸡蛋的蛋白、蛋黄分开。蛋白中不能混入水或者蛋黄液。在蛋黄中加入玉米油后先拌匀。再倒入豆浆充分拌匀。

2. 将黄豆粉和小米蛋糕粉混合过筛。再过筛到刚才拌好的蛋黄玉米油中，拌匀。自己磨的黄豆粉有些粗，所以看起来有颗粒感。

3. 开始用厨师机打发蛋白，稍微打发到起泡后，再分两次倒入细砂糖继续打发。打到提起打蛋头有弯钩出现即可。

4. 舀出 1/3 的蛋白霜倒进刚才拌匀的面粉糊中，用切拌的手法拌匀。再将蛋糕糊倒入剩下的蛋白霜里，继续切拌拌匀。别忘了用刮刀插入到盆底，翻起底部的蛋黄面糊，避免较沉的面糊沉到底部。

5. 然后从半高处将面糊倒入模具中。在桌面上磕几下，避免有大气泡。抹平表面，可以中间低边缘高一些，这样烤好后也比较好看。

6. 烤箱以上下管 170℃ 预热，然后将蛋糕放在中下层烤 35 分钟即可。烤到最后可以用牙签插入蛋糕体内看看有没有蛋糕糊粘在牙签上，没有就是熟了。出炉后立刻倒扣，等到完全凉透就可以脱模了。

"婶子碎碎念"

黄豆粉如果是自己磨的会比较粗，做出的蛋糕糊容易有沉积物，所以翻拌面糊的时候要注意拌匀。

苹果汁
黑米蛋糕

这是一款加入了苹果汁和黑米粉的戚风蛋糕，所以也算是一款水果蛋糕了。吃腻了蛋味戚风或者是想看后蛋法的，可以按照这个教程试试。成品带着果汁的清香气息，咀嚼时又不能忽略黑米粉带来的粗粮口感，可以说它要比普通戚风好吃得多，值得一试。

食材和时间

- 🍚 **分量**　1 个直径 6 寸的中空戚风蛋糕
- 🕐 **时间**　50 分钟（不含烤制时间）
- 🥕 **材料**　鸡蛋.............................4 个
（带皮约 50 克一个的鸡蛋用 4 个，
如果是 65 克一个的大鸡蛋用 3 个）
黑米粉.........................20 克
低筋粉.........................60 克

玉米油...........................45 克
苹果汁...........................60 克
细砂糖...........................60 克

步骤

1. 准备好 60 克苹果汁备用。

2. 鸡蛋的蛋白、蛋黄分开。

3. 将 40 克玉米油倒入苹果汁中，用打蛋器
充分拌匀。

4. 之后筛入黑米粉和低筋粉。

5. 用画 "Z" 的手势拌匀。

6. 最后加蛋黄，同样采用画 "Z" 字方式拌匀。

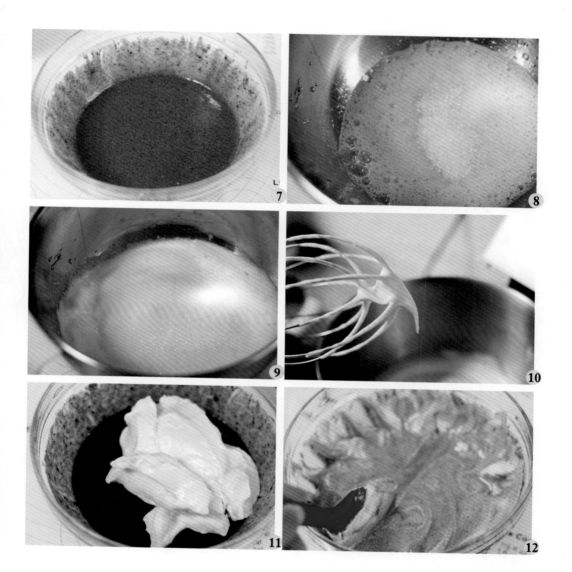

7. 图中是拌好的样子。

8. 用厨师机打发蛋白，先打到出现粗泡的状态，之后加入 20 克细砂糖。

9. 继续打发，剩余的 40 克砂糖要分两次加。

10. 蛋白打发到能拉出明显弯钩的状态就可以了。

11. 将 1/3 蛋白霜放进蛋糕糊中，用刮刀，呈90°切拌。

12. 切拌法可以避免蛋白消泡，左手转盆子，右手切。从黑白纹路变化情况能看出来蛋糕糊逐渐被拌匀。

13. 之后反着画小"C"，用刮刀将底部的白色面糊翻拌上来。也是左手转盆子，右手反着画"C"。能看到黑白面糊的反的"C"字形状吧。

13

14

15

16

14. 将蛋白霜分三次倒入，按照同样的方式拌匀。舀起拌好的面糊，滴落的蛋糕糊应该是不会马上消失的样子。

15. 从半高处将面糊倒入模具中。戚风面糊刚倒进模具内是呈波浪形的。全部倒完后，用力将模具磕几下，震出内部的大气泡，同时也将表面弄平。

16. 烤箱上下管170℃预热好，之后将生坯放入中下层，烤30至32分钟即可。

"婶子碎碎念"

1. 如果不想苹果汁氧化那么快，可以加点柠檬汁进去。没有黑米粉也可以换成小米粉或者其他杂粮粉。

2. 出炉后要将模具从高处平摔一下，震出里面的热气后再倒扣，这样可以避免回缩。等到完全凉下来以后再脱模即可。

4. 用中空模烤的戚风，6寸蛋糕以170℃烤30分钟，180℃就烤25分钟左右。只有烤不开裂、非中空的戚风蛋糕时，才会用低于150℃的温度来烤。不过论口感，个人还是更喜欢高温烘烤、时间短的这种。如果你想烤不开裂的，就在中下层以130℃烤30分钟，转150℃再烤30分钟。最后10分钟如果蛋糕上色满意了可以加盖锡纸。

第二章
全能的多功能锅

　　作为这两年爆卖的"网红"小厨电，多功能锅算是一款为都市青年量身打造的高颜值的厨具了。

玩转多功能锅

1. 多功能锅是什么

作为这两年爆卖的"网红"小厨电，多功能锅算是一款为都市青年量身打造的高颜值的厨具了。毕竟对于忙碌的上班族特别是单身人群来说，如果一个锅就能抵半个厨房，他们干吗不买一个方便自己呢？这样一台插电即用的多功能锅，可以对多种食材进行加工。加工方式包括煎、炸、烙、蒸、煮、涮、焖等等。多功能锅的实用性很强，非常适合单身人士或者是不想购置那么多厨电工具的家庭使用。

2. 多功能锅的构成

多功能锅一般由锅盖、锅体、加热底座三大部分组成。锅体多采用铸铁压铸而成，外表面一般有彩色搪瓷层，内表面多为不粘涂层。加热底座上装有温控装置、开关、指示灯等。因为品牌不同，多功能锅的加热底座也有镂空加热管、面式发热板等不同样式。整体来说，市面上的多功能锅在功能上很相似，这一点我们从它配备的各种盘子上就能看出来。目前多功能锅基本都配有平面煎盘、六圆烤盘、丸子烤盘、深煮锅、蒸盘这些配件，可满足煎、炒、煮、炖、涮、焖、蒸、烙等多种功能。

3. 多功能锅的使用注意事项

多功能锅的配件盘，表面大都采用了不粘涂层的设计，所以日常使用要像用不粘锅一样注意保养。首先是不要使用金属铲，否则容易刮花涂层。尽量用硅胶铲，可以延长烤盘的使用寿命。对有涂层的盘，也不要长时间高温干烧或者长时间高温油炸，这都会让涂层不稳定。而像本身棱角太尖锐或者是太硬的食材（例如蛤蜊、扇贝、比较尖锐的排骨、冰糖等等）也要尽量避免用带涂层的盘子烹饪。

4. 如何选购多功能锅

市面上的多功能锅品牌太多了，选择时可以从配件盘的重量、涂层材料以及加热底座是否可以灵活使用等方面考虑下。廉价的多功能锅一般会在配件盘材质和涂层上节省成本，这就会导致配件盘受热后容易变形，涂层使用寿命不长。尽量选择大品牌或者是配件盘比较重、涂层比较好的多功能锅购买。而且现在有一些多功能锅的加热底座，也可以将炒锅、砂锅、玻璃锅等其他锅具放上去使用了，这也让原本只能使用配套盘的多功能锅，变成了一个用途更多的电陶炉，所以选购的时候也可以看一下这种真正一机多用的多功能锅。

铁板
粉丝虾

　　虾肉，最好吃的做法还是烤或者煎。正好前阵子蒸了个蒜蓉虾味道还不错，这次干脆把这些做法结合起来，就出来了这个铁板粉丝虾的吃法。没想到滋味很"惊艳"啊，它既有蒜蓉蒸虾的鲜美，又有铁板烧的干香。特别是吸收了汤汁精华又被煎去水的粉丝，搭配着蒜蓉一起吃真美味。强烈推荐大家试一试制作这道菜。

食材和时间

🍲 分量　　2 人份

🕐 时间　　20 分钟（不含腌制时间）

🥕 材料　　鲜虾......................18 至 20 个

　　　　　　蒜 ....8 瓣

　　　　　　粉丝............一把（建议多放）

　　　　　　料酒.........................10 克

　　　　　　胡椒粉.........................1 克

　　　　　　盐 ....3 克

　　　　　　姜丝 ....少许

　　　　　　植物油.........................适量

　　　　　　味极鲜酱油.........................12 克

　　　　　　蚝油.........................15 克

　　　　　　白糖.........................5 克

　　　　　　清水......................... 30 毫升

步骤

1. 鲜虾开背，去黑线，放料酒、胡椒粉、少许姜丝、少许盐腌制 15 分钟。

2. 制作蒜粒。建议多切些，蒜粒越多越好吃。

3. 粉丝提前用温水泡软，然后放入开水里烫一烫，捞出后剪成小段。

4. 将味极鲜酱油、蚝油、白糖、清水拌匀，制成酱汁。

5. 多功能锅烧热后倒入 1 大勺植物油，放入蒜粒翻炒出香气盛出。

6. 锅中抹少许植物油加热，放入腌制好的虾煎熟后拿出来。煎制期间记得将虾翻面。

7. 虾都拿出来以后再抹少许植物油，倒入刚才准备好的粉丝，尽量把粉丝铺平。然后码上刚才煎熟的大虾。

8. 表面再均匀地撒上刚才炒好的蒜粒，最后均匀地淋上调制好的酱汁，盖上盖子焖 1 至 2 分钟就可以了。

"婶子碎碎念"

1. 尽量多切一些蒜粒，后面配着粉丝一起吃十分美味。

2. 大虾建议开背腌制，更入味一些。

3. 这道铁板虾想好吃就不要偷懒，尽量把粉丝铺在底下而不是煎完虾一起扔进去制作。粉丝垫在底部可以吸收上层材料汤汁的精华，加热时还可以将粉丝的水收干，成品不会吃起来水水的，而是有那种铁板烧的口感。

3

4

5

6

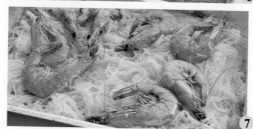

7

8

三汁焖锅

三汁焖锅，是一道很多人都喜欢吃的美食。揭开盖子后，虾、鸡翅、墨鱼裹着酱汁，咕噜咕噜地在锅里煮着，看着就美味。荤素搭配合理又营养丰富。三汁焖锅里最让人好奇的是用的哪三汁。有人说必须是蚝油、海鲜酱和西红柿酱这三种。将三种酱汁用小火熬煮使其变成比较浓稠的焖酱后使用。作为非专业厨子，我在周围菜市场里实在是买不到海鲜酱，所以就用豆瓣酱来代替，加了些其他调料，步骤过程也统一简化了，但成品依旧是非常好吃的。步骤简化后在家自制这道美食更方便呀。

食材和时间

- 分量　2 至 3 人份
- 时间　25 分钟（不含腌制时间）
- 材料　主体材料：

虾	7 至 8 个
墨鱼	1 个
鸡翅	5 至 6 个
土豆	1 个
青椒	1 个
胡萝卜	半根
洋葱	半个
莲藕	一小段
蚝油	15 克
料酒	10 克
油	适量
生抽	12 克
黑胡椒粉	1 克
蒜片	少许
姜丝	少许
葱花	少许

酱汁材料：

蚝油	15 克
西红柿酱	15 克
甜面酱	15 克
豆瓣酱	15 克
糖	13 克

1

2

步骤

1. 鸡翅两面都划上几道口子，用少许蒜片、蚝油、一半的料酒腌制入味。虾去黑线，墨鱼治净，切成块，放入姜丝和一半的料酒去腥气。

2. 土豆、胡萝卜、青椒、莲藕、洋葱都切成块，倒入油、生抽、黑胡椒粉拌匀腌制15分钟。

3. 将酱材料中的蚝油、甜面酱、豆瓣酱、西红柿酱、糖混合均匀，制成酱汁。

4. 锅中倒入少许油加热，先放入姜丝、葱花、蒜片爆香，然后倒入蔬菜块，取1/3酱汁倒入蔬菜块中翻炒。

5. 将腌制好的鸡翅铺到蔬菜上，盖上盖子小火焖10分钟。

6. 打开盖子将虾和墨鱼也均匀地放上去。

7. 将剩下的酱汁倒上去，可以用刷子均匀地涂抹一下，盖上盖子继续用中小火焖10分钟。

8. 打开锅盖后能看到食物颜色变深。闻起来酱香味十足。

"婶子碎碎念"

1. 蔬菜块越多越好，但不要选用绿叶菜。

2. 焖这款菜最好用密封性比较好的锅，铸铁锅、珐琅锅是首选，它们锁水能力强，可以不放走一滴水。因为虾和墨鱼属于海鲜类，肉老了不好吃，所以需要先放入鸡翅焖10分钟再放入海鲜焖10分钟。

3. 酱汁多多益善，口重的朋友最好将我写的酱料的量增加2至3倍来制作。吃之前要搅拌一下，而且酱汁做得浓郁，吃到最后还可以加入少许的汤变成涮火锅，加入手擀面，做好的成品也很好吃。

3

4

5

6

7

8

黑麦墨鱼丸

这个黑麦墨鱼丸子，是我家小朋友喜欢的，因为它有那种粗粮的口感。而且除了弹牙的墨鱼肉，我还加了娃娃们喜欢吃的水果玉米粒和西蓝花碎进去，捎带着淋了点烧烤酱。市售的章鱼小丸子应该是做好以后淋上照烧酱再撒上柴鱼花做成的。柴鱼花估计很多人不容易买到，所以我直接用市售的烧烤酱，加了点孩子的海苔碎就给做完了。做出来的味道也不错。

食材和时间

🍲 分量　20 个

⏱ 时间　30 分钟

🥕 材料　低筋粉..........................130 克

　　　　黑麦粉............................40 克

　　　　泡打粉..............................2 克

　　　　鸡蛋..................................2 个

　　　　清水.......................... 200 毫升

　　　　味极鲜酱油......................12 克

墨鱼小块 .... 半小碗

水果玉米粒 .... 一小把

西蓝花.............................. 一小把

烧烤酱.......................... 半小碗

植物油............................ 少许

海苔碎............................ 少许

西红柿酱 .... 少许

步骤

1. 墨鱼小块用开水煮 1 至 2 分钟至熟，西蓝花焯水后切碎。

2. 将低筋粉和黑麦粉混合，再加入泡打粉、200 毫升清水和鸡蛋拌匀。

3. 拌成质地细腻的面糊后加入味极鲜酱油。

4. 丸子盘用中火预热后刷少许植物油，倒入大约七分满的面糊。

5. 每个丸子面糊里放入少许墨鱼块和少许玉米粒。再放入少许西蓝花碎。

6. 用裱花袋在每个丸子中间挤入少许烧烤酱增添风味。

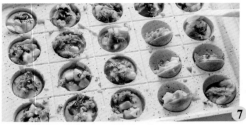

7

8

9

10

11

12

7. 面糊底部凝固后，将它稍微翻起来，空出一些空间。

8. 继续倒入面糊。

9. 利用两个牙签协助，将丸子不断翻动，并同时倒入面糊不断地往空隙里填充。

10. 随着面糊逐渐凝固，圆滚滚的丸子就出现了。

11. 将丸子穿起来后挤上少许的西红柿酱再撒上少许海苔碎就可以了。

12. 掰开后看一下，里面有大颗的墨鱼肉呢。

"婶子碎碎念"

1. 黑麦粉可以换成玉米粉或者全麦粉，但是加入的比例不要太高。如果全部用黑麦粉做，口感太粗糙，反而不好吃了。

2. 做好的面糊需要加调味料否则没滋味。如果没有烧烤酱也可以自己用蚝油、清水、黑胡椒粉调制，或者干脆撒点盐。

3. 墨鱼也可以换成鱿鱼或者章鱼，都没有就换成猪肉或者是虾仁、火腿、培根等等，反正自己做配料是可以随意的。

4. 泡打粉不要省略，要不然加热后容易变成死面，面糊不蓬发，口感不好。

玫瑰花馒头

　　揉出两个颜色的面团，就能做出这款好看的双色玫瑰花馒头了。南瓜和紫薯这两个食材，色彩和味道上都适合做馒头。当然，也可以选其他喜欢的果蔬汁或者果蔬泥来做。这款馒头蒸出来以后，带着紫薯和南瓜的香甜，属于其他东西都不吃，只吃馒头都可以吃到饱的那种。趁着周末，大家赶紧做起来喽。

食材和时间

🎃 **分量**　大约 24 个

🕐 **时间**　2 小时（不含发酵和醒发时间）

🥕 **材料**　南瓜面团材料：

贝贝南瓜泥......................80 克

普通面粉 ....200 克

即发干酵母........................2 克

白糖.............................15 克

清水..........................75 克左右

紫薯面团材料：

紫薯泥.........................80 克

普通面粉 ....200 克

即发干酵母.......................2 克

白糖.............................15 克

清水..........................85 克左右

步骤

1. 准备好贝贝南瓜泥和紫薯泥备用。

2. 将两份酵母分别在水中化开，两种面团的材料分别混在一起，然后分别揉成南瓜面团和紫薯面团。面团以揉到光滑为准。

3. 揉好的面团放到温暖处发酵到原先两倍大。可以用蒸锅或者带蒸屉的多功能锅发——锅中加水，稍微加热，水温不超40℃，放面团进去，盖上盖子醒发。

4. 醒发 1.5 小时左右。手指蘸点面粉（分量外）在面团上戳个眼，面团不塌陷并且没有明显的回缩就代表发好了。

5. 将面团按压、排气，之后分成每个 12 克左右的剂子。

6. 取一个剂子擀成圆形的面片。这里注意不要擀得太薄了，毕竟是要做馒头用的。

7. 按照三个黄色剂子、三个紫色剂子的顺序叠起来，之后用筷子在中间压上一道痕。

8. 从上而下卷起来。

9. 卷好后在面卷中间切开。

10. 切口朝下，将玫瑰花馒头稍微整理下，"花瓣"打开一些，这样蒸出来好看。

11. 做好的玫瑰花馒头间隔地放入蒸笼或者蒸屉里，盖上盖子醒发 10 至 15 分钟。

12. 将锅中的水烧开，放上醒发好的玫瑰花馒头盖上盖子，中火蒸 15 分钟左右。蒸好后别急着打开盖子，关火后闷 2 至 3 分钟，这样可以避免回缩。

7

8

9

10

"婶子碎碎念"

1. 面粉我用的是 5 块钱一大袋那种，面粉的加水量大家参考即可，要确保你的材料能揉成一个光滑的面团。用干酵母的先将酵母和水化开，避免化不开影响发酵。我是先揉南瓜面团再揉紫薯面团，最后发酵的时候南瓜面团发得比紫薯面团快一些。

2. 每个剂子 12 克左右就差不多了，6 个面片可以做成 2 个馒头。如果揉 3 种或者 4 种颜色的面团，做成彩虹玫瑰馒头会更好看。做造型的时候，花芯想要什么颜色就把哪个颜色放在最上面，可以顺色排列也可以交叉色排列，全凭喜好。

3. 蒸这个馒头用中火蒸 15 分钟就差不多了。摆放的时候保持间距避免膨胀后粘一起。蒸好，关火后闷 2 至 3 分钟再开盖子，避免回缩。

11

12

蝴蝶
馒头

这款蝴蝶馒头层次分明，掰开后有甜甜的南瓜味并带有很松软的口感。我只揉了两种颜色的面团，你也可以揉更多颜色的面团，就更加适合哄孩子们玩了。

食材和时间

🍚 **分量** 6个

⏱ **时间** 1小时（不含发酵时间）

🥕 **材料** 南瓜面团材料：

贝贝南瓜泥......................80 克

普通面粉 ....200 克

即发干酵母 ....2 克

清水..................................65 克

白色面团材料：

普通面粉 ....100 克

即发干酵母 ....1 克

清水..................................50 克

1

2

步骤

1. 取南瓜泥和普通面粉放一起，干酵母在水中化开。将这些材料一起放入面包机中揉成光滑的南瓜面团。

2. 用相同的方法再揉白色的面团。将两个面团都送到温暖湿润处发酵1.5小时左右，发到两倍大小后再用。

3. 发好的面团取出后先按压、排气，每个面团再均匀地分割成6份，每份都滚圆静置。

4. 取一个南瓜小面团擀成长条。另一个白色小面团也擀成同样的长条。

5. 将两个长条稍微粘在一起，从中间将长条对折。

6. 将左右两边卷起来，像蜗牛壳一样，注意卷的时候要颜色分明，

7. 两边都卷好后，将中间对折的位置切开。用筷子将两个面团中间夹一下，做成比较好看的蝴蝶形状。

8. 做好的蝴蝶馒头先放入蒸锅内醒发10分钟。水烧开后放入馒头蒸15分钟左右，关火后再闷2至3分钟就可以出锅了。

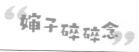

"婶子碎碎念"

1.如果嫌麻烦可以只做一种颜色的。如果是给小朋友吃的话你也可以加点糖进去，香甜小馒头毕竟更受孩子欢迎。

2.这个蝴蝶包整理出来稍微一醒发就可以上锅蒸了，不要发太大，否则蒸出来容易变形。

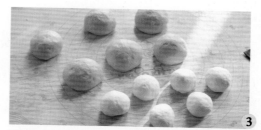

3

4

5

6

7

8

早餐吃得像国王，午餐吃得像平民，晚餐吃得像乞丐。从这句话就可以看出来早餐在生活里的重要性。这个超简单的玉米火腿早餐饼，不但好吃而且做起来也很快，很适合早上时间紧张的朋友制作。学会它，从此就可以告别那些不卫生的路边摊了。

食材和时间

🍚 分量　大约 7 个

⏱ 时间　10 至 15 分钟

🥕 材料　鸡蛋 ....2 个

　　　　甜玉米粒 ....50 克

　　　　火腿肠丁 ....30 克

普通面粉 ....60 克左右

盐 ....3 克

黑胡椒粉 ....1 克

油 ....适量

步骤

1. 甜玉米粒提前煮熟备用，然后和火腿丁混合，打入鸡蛋。

2. 材料拌匀后倒入面粉、盐、黑胡椒粉。

3. 继续搅拌成面糊糊。

4. 这时候就可以开始煎饼了。锅中提前抹油，加热，倒入适量的面糊。

5. 烙个两三分钟，等底下那一面凝固定型后，用木筷将饼翻个面，继续煎另一面。

6. 可以将饼多翻几次，两面均匀上色即可。

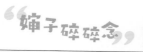

"婶子碎碎念"

1. 这个饼的面糊，用勺子舀起后能够缓慢流下即可。我用了两个鸡蛋，成品蛋味就比较浓了，你也可以用一个鸡蛋加少许牛奶或者水来做。用的玉米粒最好是水果玉米，提前煮熟再用，其他的配料也可以根据自己手头有的材料来调整。

2. 这个饼趁热吃口感最好，凉下来口感就会差一些，有点硬。

3. 我是用多功能锅的盘来做的。也可以用不粘锅或电饼铛制作。

香菇油菜饼

香菇和木耳，是我家孩子最不爱吃的菜。在任何菜里看到这俩家伙，他们肯定要挑出来放一边。我只能"曲线救国"，另想办法了。像油菜炒香菇这道菜吧，他们肯定不怎么吃，但换个花样，煎成这种厚厚的香菇木耳油菜小饼后，就有如神助般地"清盘"了，并且孩子们还意犹未尽地问我下次什么时候再做。你家里如果也有讨厌香菇、木耳、油菜的挑食小孩，不妨试试这款让他们吃了还要的蔬菜小饼。

食材和时间

- 🍚 分量　6个
- 🕐 时间　15分钟
- 🥕 材料　鸡蛋.............................2个
　　　　普通面粉.........................18克
　　　　小油菜.........................一小把

香菇.........................3至4朵
泡发好的黑木耳.............一小把
盐.........................3克
胡椒粉.........................1克
油.........................适量

步骤

1. 将香菇和木耳、小油菜都打成比较细碎的丁，这样混在饼里面就看不出来原样了。

2. 将油菜碎、木耳碎、香菇碎都混合在一起。磕入鸡蛋，再充分拌匀。

3. 倒入普通面粉、胡椒粉、盐调味，用筷子继续拌匀。

4. 锅加热后抹少许油，再舀入面糊至七八分满。

5. 舀入的面糊先用中火煎 2 至 3 分钟。

6. 底部凝固后翻过来煎另外一面，也是加热 2 至 3 分钟，熟了即可。

"婶子碎碎念"

1. 香菇、油菜、木耳也可以换成其他蔬菜。

2. 小朋友的咀嚼能力没大人那么强，所以蔬菜丁尽量切得细小一点（主要也是怕让他们看出来是什么材料，他们心里会排斥），吃起来口感会细腻些。

3. 最后的煎制时间，会因为大家舀入的面糊厚度不同有细微差别，饼凝固、底部微黄了，翻面即可。

4. 如果你早上来不及做，可以提前做好第二天加热下就可以了。或者是将材料切好冷藏，第二天早上煎也是来得及的，吃起来更新鲜些。

奶香山药饼

铁棍山药，一直以富含蛋白质、维生素、氨基酸与矿物质而著称。它既能补气，又能滋阴，为双补珍品。普通山药虽然长得和它相似，却没有铁棍山药的营养价值和药用价值高。但因为山药这个食材本身没啥味道，蒸了或者炒了后孩子不是太喜欢，所以索性加点酸酸甜甜的蔓越莓干和奶粉、玉米粒进去，做成这个奶香味浓郁并且可以一口一个的小饼，孩子就会很爱吃啦。对那些不爱吃山药的人，也可以把这个饼冒充普通早餐饼给混进去给他吃，说不定对方就爱吃了呢。

食材和时间

🍱 分量　10 个

🕐 时间　20 分钟

🥕 材料　铁棍山药泥........................310 克

　　　　奶粉..15 克

　　　　糯米粉....................................25 克

　　　　炼乳..15 克

玉米粒.......................................半小碗

蔓越莓干...................................半小碗

植物油...少许

玉米粒...适量

油...适量

步骤

1. 准备好山药泥、糯米粉、奶粉，玉米粒提前弄熟，蔓越莓干切碎备用。

2. 山药泥里先放炼乳调味，接着倒入奶粉、糯米粉、熟玉米粒和蔓越莓碎进去。

3. 用硅胶刮刀切拌所有材料，戴上手套将材料团成一个不会散开的面团。

4. 我称了一下面团，大约 430 克。就按照一个 43 克左右的标准分成了 10 个团子，每个都滚圆按压成小饼。

5. 锅提前加热，抹上少许油，再放上小饼，中小火加热，盖上盖子焖 1 至 2 分钟。

6. 打开盖子后将山药饼翻面，煎另一面，中途可以多翻几次面。两面都煎成金黄色就可以出锅了。

"婶子碎碎念"

1. 普通山药蒸熟后水比铁棍山药多很多，所以用普通山药做，需要的粉量要翻倍，以能成团为准。

2. 如果不能吃甜的，可以将奶粉、炼乳省略，加入蔬菜粒、火腿丁做成咸味的。没有炼乳的，可以换成蜂蜜。奶粉也可以省略。反正有啥材料就用啥材料吧。

3. 这个饼需要用中小火来煎，火力大了容易煎煳，不好看。煎的时候先抹油，两面勤翻动，两面都变成金黄色即可出锅。

深夜
灵魂炒面

看过日剧《深夜食堂》的人，应该会记得那一碗酱油炒面吧。这碗平凡的炒面没有派系，但到了不同的城市还是会有不同的风味，像广州人喜欢加豉油皇来炒面，东北人会在炒面里加西红柿增加酸甜度，上海人则改不了浓油赤酱的喜好……炒面之所以可爱、神奇，是因为它有强大的包容性。小油菜、圆白菜、胡萝卜、香肠、鸡蛋、火腿肠、青椒、西红柿……大部分的常见食材都与炒面很契合，你只需要根据你的口味和喜好调配，就可以炒出一份属于你自己的深夜灵魂炒面了。

食材和时间

🍲 分量　2 至 3 人份
🕐 时间　15 分钟
🥕 材料　荞麦面（也可以换普通的碱面条）
　　　　................................一把
　　　　油菜................一小把
　　　　西红柿................1 个
　　　　鸡蛋................2 个

鸡胸肉丁........................1 小碗
胡萝卜丁........................1 小碗
蚝油................................15 克
味极鲜酱油....................12 克
植物油............................适量
盐................................适量

步骤

1. 西红柿切块，油菜洗净，鸡胸肉丁用蚝油略微腌制入味，鸡蛋打散，胡萝卜丁和荞麦面准备好。

2. 先来煮面。水开后放入荞麦面，煮熟了捞出来过凉水，备用。可以倒入少许植物油拌匀了防粘。

3. 锅中放入少许油烧热，之后放入胡萝卜丁翻炒，炒到半熟了再放入腌制好的鸡胸肉翻炒，炒到变色。接着放入鸡蛋液炒成鸡蛋块。

4. 再加西红柿块继续翻炒出汤汁，继续放入洗干净的油菜。

5. 炒得差不多快熟了就可以放入煮好的面条了，翻拌均匀后倒入味极鲜酱油调味。

6. 再撒点盐——当然了调味料你也可以换成黑胡椒粉啥的。翻拌均匀就出锅啦。

"婶子碎碎念"

1. 做炒面用的面条，建议用手工鲜面或者是碱面，这样成品吃起来比较有韧性，不会炒得烂烂的，影响口感。

2. 鸡蛋炒好以后可以先捞出，避免炒制时间太久变老。我懒得弄，就一起炒了，大家注意下。

3. 调味料比较重要，有条件的可以用那些烧烤酱、辣椒酱啥的来炒，也可以加入黑胡椒粉、孜然粉等等。反正自己的炒面自己做，配菜也是自己选，只要是比较容易熟的都可以。做出你自己的深夜灵魂炒面吧！

厚蛋堡

这个厚蛋堡口感层次很丰富，做出来去街头摆摊卖都没啥问题。孩子们肯定都喜欢吃。至于里面的馅儿，你做成跟我一样的自然最好，如果来不及，也可以换成别的，比如培根、火腿、芝士等等。我是用多功能锅带的蛋糕盘做的，没有的话也可以用那种煎蛋用的金属圈来固定制作。

食材和时间

🍚 **分量**　3 至 4 个

🕐 **时间**　40 分钟（不含腌制、发酵时间）

🥕 **材料**　饼皮材料：

普通面粉 .... 90 克

干酵母 .... 1 克

泡打粉 .... 1 克

盐 .... 3 克

糖 .... 4 克

五香粉 .... 1 克

温水（40℃以下的）.. 150 毫升

油 .... 少许

夹馅儿材料：

猪肉馅儿 .... 80 克左右

香菇木耳碎 .... 1 小把

蚝油 .... 15 克

胡椒粉 .... 1 克

鸡蛋 .... 3 个

步骤

1. 猪肉馅儿中倒入香菇木耳碎，再放蚝油和胡椒粉搅打上劲，之后送去腌制 30 分钟以上至入味。肉夹馅儿就做好了。

2. 面粉加入五香粉、酵母、泡打粉，再加盐、糖，之后倒入温水。

3. 拌匀，制成细腻的糊糊，送去温暖处发酵 30 分钟。

4. 30 分钟后，面糊糊就变成充满气泡的样子了，将面糊稍微搅拌下就可以做面饼了。

5. 先把盘子加热抹少许油，之后磕入鸡蛋。

6. 用木筷将蛋黄戳破打散均匀铺开。

7. 放上适量的肉夹馅儿铺平。

8. 等鸡蛋稍微凝固些，往另外的盘子里倒入少许的面糊，铺满盘子底。

9. 加热到鸡蛋表面也稍微凝固定型后取出翻过来，扣到刚才舀入的面糊中，接着在空盘里继续倒入少许的面糊铺平。

10. 等到鸡蛋扣过来的那部分也加热得差不多后，将有鸡蛋的那一面朝下，继续倒扣在新铺好的面糊中，再稍微用力按压一下，这样另一半的饼身也就牢牢地黏在鸡蛋上了。

11. 可以将厚蛋堡多翻面几次，每次翻面前都可以涂点油，一直煎到两面都变成金黄色。

1. 大家用的粉不同，吸水性会有点差别。做好的面糊要有点浓稠，不能太稀，太稀的不光定型不好也不容易煎熟。你也可以加一部分玉米粉或者黑麦全麦粉进去，就变成粗粮版的厚蛋堡了，但是粗粮版的松软度没有纯白面的这么好。

2. 一开始煎鸡蛋的时间可以长点，等到鸡蛋底部完全凝固，表面也有点半凝固了再翻面，要不然鸡蛋不容易熟。煎鸡蛋的时候就可以把另一面的面糊也放进去煎了，这样等到鸡蛋凝固得差不多了翻面过去正好可以跟半生不熟的面糊贴在一起。

3. 厚蛋堡每次翻面前，都给饼身抹点油，这样不但上色好看饼身也不会太干影响口感，两面都煎到金黄色了里面的肉馅也就基本熟了。

玉米奶酪贝果

作为烘焙新手，想必很多人对动不动就要耗时 3 个小时以上的面包有些畏难吧，特别是要求揉出手套膜的那种，真是怎么揉怎么气馁。对于不想费力又想吃面包的小伙伴来说，这个一共耗时 1 小时左右的贝果夹馅儿面包就很理想啦。跟吐司相比，它还属于低油、低糖的，再加上它口感比较紧实有嚼劲，所以爱好贝果的人也是不少呢。

食材和时间

📦 分量　5 个

🕐 时间　30 分钟（不含发酵、烤制时间）

🖊 材料　面团材料：

高筋粉..........................250 克

水 ....140 毫升左右

糖 ....8 克

盐 ....4 克

即发干酵母...................2.5 克

玉米油...........................6 克

夹馅儿材料：

速冻玉米粒或者水果玉米粒 1 小碗

奶酪片..........................2 片

（也可用马苏里拉芝士丝代替）

糖水材料：

清水 ....1000 毫升

白糖...........................50 克

步骤

1. 所有面团材料都混在一起，开始揉面。
2. 面团揉到扩展状态就可以了，就是能拉出厚膜来即可，不要求出薄膜。
3. 揉好的面团直接拿出来，分割成 5 个小面团。每个小面团都滚圆，松弛 5 至 6 分钟后再擀。
4. 准备好玉米粒。奶酪片剪成小条。
5. 松弛好的面团取一个按扁后擀成大片，擀成长方形。
6. 先放上两条奶酪，再放上少许的玉米粒。
7. 然后从上到下卷起来，卷好后尽量搓得长点并且粗细一致。
8. 用擀面杖将面卷的一头擀成类似于鱼尾的样子。

9. 再将另一头转过来，用鱼尾部分包住它。包好后将面圈翻过来，捏紧封口处。

10. 做好的贝果生坯放在裁好的油纸上。放到温暖湿润处再发酵 30 分钟。

11. 发酵的时候我们来煮糖水。将 1000 毫升水和 50 克白糖混合均匀，大火煮到水开改成中小火。然后将垫着油纸的贝果，上面那一面朝下放进去，再把垫着的油纸撕下来就行了。贝果的两面，都需要煮 30 秒左右。

12. 一面煮好后用漏勺或者铲子翻过来继续煮另一面，也是 30 秒，都煮好后用过滤网捞出来控一下水，马上放入铺了油纸的烤盘中。

13. 烤箱以上下管 200℃提前预热好，煮好的贝果立刻放入预热好的烤箱中层。

14. 保持 200℃，烘烤 17 至 18 分钟，贝果表面变成金黄色就可以了。

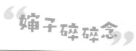

"婶子碎碎念"

1. 玉米油也可以换成黄油，但需要面粉成团后再加。如果你喜欢吃粗粮的也可以换成 175 克的高筋粉加 75 克的杂粮粉。

2. 包入馅卷成卷时尽量做好看些。奶酪片也可以换成马苏里拉芝士丝。除了这个馅儿，你也可以换成紫薯泥、红薯泥、火腿肠啥的。

3. 面团用水煮就是让生面团的两面在沸水作用下先定型，这样进入烤箱烘烤它的体积就不会再长大了，但其内部在成熟，成品会形成紧致、有嚼头的口感。

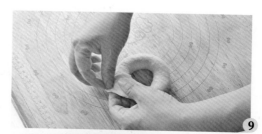

9

10

11

12

13

14

双味奶枣

听说这个网红小奶枣已经卖到 500 克标价 48 元了，还有人排队也买不到，所以不如自己做，而且这一款是双口味的，更好吃。一做就是一大袋子，让排队的人羡慕去吧。

食材和时间

🍲 分量　　2 至 3 人份

⏲ 时间　　1 小时

🥕 材料　　红枣.............................60 个

　　　　　　巴旦木.........................60 个

　　　　　　白色棉花糖............170 克左右

　　　　　　黄油.............................40 克

　　　　　　全脂奶粉.................15 克左右

　　　　　　熟黄豆粉.................15 克左右

1

2

步骤

1. 红枣洗后用吸管去枣核，吸管里的枣核可以用竹签捅出来再继续使用。

2. 枣核取出后，将一个巴旦木塞到红枣的中间位置。

3. 其他材料也都准备好。

4. 锅中先放入黄油加热化开，倒入棉花糖不断地搅拌。

5. 炒到棉花糖完全化开为止。加入奶粉小火搅拌均匀。

6. 倒入刚才做好的枣夹巴旦木，不停翻拌。让每个红枣都能均匀裹上糖汁。

7. 不烫手后，趁着还温热，把红枣一个一个揪下来。

8. 在手里滚一滚后放到奶粉或者熟黄豆粉里滚一圈即可。

"婶子碎碎念"

1. 红枣建议用小点的，这样容易裹上棉花糖，巴旦木也要选择个头小点的，要不然不容易塞进红枣里。如果把红枣撑裂了，后面等棉花糖汁凝固了往下揪的时候，就会揪得红枣彻底碎了。

2. 想吃口感软些的多加点黄油，裹入红枣前关火即可。如果想吃硬一点的，就少加点黄油并且晚点关火多炒炒。

3. 往下揪的时候表面还会比较黏，所以建议戴手套操作。揪下红枣后在手上滚一滚，也可以让棉花糖包裹得更均匀。做好后要有间距地摆放，等到彻底凉下来以后再装袋保存。在袋里面再撒点奶粉或者是熟黄豆粉进去就可以了。

3

4

5

6

7

8

南瓜玉米花生球

家里剩下一大包的玉米粉没用完，正好还剩了块南瓜，赶紧搓成个球球，用多功能锅的丸子盘消耗掉吧。没有玉米面，也可以换成普通的面粉，或者加入别的材料，随便一搓一热就做好了。成品吃起来很有粗粮丸子的风格。

食材和时间

🍚 分量　　大约15个

⏱ 时间　　20分钟

🔧 材料　　玉米粉.............................40克

南瓜泥.............................150克

白糖...............................25克

熟花生碎...........................30克

蔓越莓.............................20克

玉米油.............................少许

● 1

步骤

1. 蒸熟的南瓜泥中加入玉米粉。大家用的南瓜泥含水量不同，所以配方量仅供参考。

2. 再倒入白糖和熟花生碎，先拌匀。

3. 最后倒入蔓越莓和少许花生碎。

4. 这时将上文所有的材料都拌匀吧，拌好后会变成比较黏稠的糊糊。

5. 丸子盘里先抹点玉米油防粘，然后开始加热。

6. 用勺子将面糊舀进模具中，随着模具被加热，底部的面糊会先凝固。

7. 用筷子或者比较细长的工具将球的底部先翻上来一半，加点生面糊后再将已经凝固的底部翻到上面，生面糊放到下面继续加热，直到整个面糊能变成一个比较圆的球即可。

2

3

4

5

6

7

"婶子碎碎念"

没有这种丸子盘的，可以直接用平底锅来做。平底锅抹油烧热后，用裱花袋挤成小圆饼开始煎，煎到一面定型后再翻个面继续煎，这样做比用丸子锅省事，就是不能追求制成球球状了。

奶酪鸡蛋仔

鸡蛋仔，是一款起源于香港的、超有人气的街头小吃。据说最初是一间杂货店的老板为了不浪费破口的鸡蛋而发明的。他尝试着加入面粉、油等配料，把蛋糊倒入模具经过烘烤而成。后来模具被改良设计成小小的鸡蛋形状，想不到做好的成品大受欢迎，成了港人心中经典、地道的街头小吃。刚刚出炉的鸡蛋仔最好吃，咬上一口，酥脆可口。标准的鸡蛋仔里面要有淡奶、木薯粉、泡打粉，这些都是让它酥脆可口的食材。我这个算是家庭改良过的，跟原味的有点差别，制作时用的也是丸子盘。

食材和时间

🍚 分量　4 片

🕐 时间　1 小时

🥕 材料　低筋粉...........................140 克
　　　　　木薯粉............................20 克
　　　　　（没有的话用玉米淀粉代替）
　　　　　白糖.............................90 克

牛奶..........................110 毫升
鸡蛋（带皮约 55 克一个）..2 个
黄油............................50 克
奶油奶酪......................60 克
食用油..........................少许

步骤

1. 鸡蛋打到盆里，倒入白糖。

2. 用打蛋器将糖和蛋液搅打均匀，打到有细腻的泡沫为止。

3. 奶油奶酪提前隔热水化开，然后打发到很细腻的状态。

4. 在奶油奶酪中倒入牛奶，尽量拌到没有颗粒物或者颗粒物很小的状态。

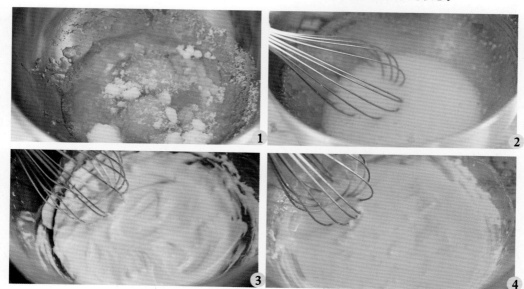

5. 将奶酪牛奶糊倒入刚才打发好的鸡蛋液中拌匀，再倒入提前化开的黄油拌匀。没有黄油也可以用玉米油来代替。

6. 筛入低筋粉和木薯粉。

7. 将面糊充分拌匀到无干粉状态，静置半小时再用。静置是为了让面糊松弛。

8. 丸子盘提前抹点食用油防粘。

9. 加热好以后，舀入一大勺面糊。从中间位置舀入面糊即可。周围的一圈留出来空着，因为面糊加热后会膨胀的，如果边缘处也放入面糊，容易溢出来，很难清理。

10. 面糊舀入后，马上盖上盖子，等待 2 至 3 分钟，就能看到整片的鸡蛋仔已经成型了。至于颜色深浅就看你的喜好了，可以多加热一会。

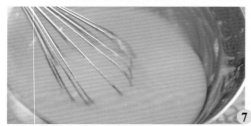

"婶子碎碎念"

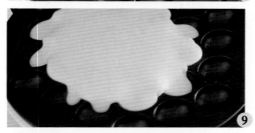

1. 市售的鸡蛋仔配方里，淡奶、木薯粉、泡打粉都是必须的。家里做就改成了牛奶、玉米淀粉、黄油，没加泡打粉，所以口感上跟市售的有点区别，没那么酥脆。不过奶酪可以给这个鸡蛋仔提香，也算是弥补口味的缺憾了。泡打粉的加入可以让鸡蛋仔膨胀得更丰满一些，加一点进去也没关系。

2. 正常的鸡蛋仔的中心位置应该大部分是空心的，如果你做的是实心的就说明面糊太稠了，需要再稀薄些。

第三章
精致的轻食机

随着人们对健康、精致生活的需求越来越旺盛，以烹饪方式简约，能够保留食材原本营养和味道的"轻食"烹饪方式也随之流行起来。在这种需求的带动下，一种名为轻食机的厨房小家电开始风靡世界。

玩转轻食机

1. 轻食机是什么

随着人们对健康、精致生活的需求越来越旺盛，以烹饪方式简约，能够保留食材原本营养和味道的"轻食"烹饪方式也随之流行起来。在这种需求的带动下，一种名为轻食机的厨房小家电开始风靡世界。它号称3分钟就能烤好三明治，10分钟就能做出有"仪式感"的花式早餐，让你不用拥有太高的厨艺也能够快速上手。只需要一片火腿、一个鸡蛋、两片面包，几分钟就能用轻食机做出营养好味的早餐三明治。除了做三明治，轻食机还可以搭配不同的烤盘做出精美的小点心，这也是为什么这款轻便小巧的小家电能成为"网红"爆款厨电的原因。

2. 轻食机的构成

轻食机均采用开合式设计，在上下方都内置加热管，表面设有开关。将三明治盘上下安装好以后，上下各放入一个吐司片，中间放夹馅儿，再将机器盖好压紧，启动机器后加热管就开始升温。通过加热三明治盘，可以将里面的吐司片煎成金黄色，并将中间的内馅儿与吐司片压紧，吐司边缘处压薄封边，实现制作三明治的效果。除了制作三明治外，轻食机也能搭载不同的烤盘，比如华夫饼盘、鲷鱼烧盘、蛋糕盘、甜甜圈盘等，制作下午茶小点心。

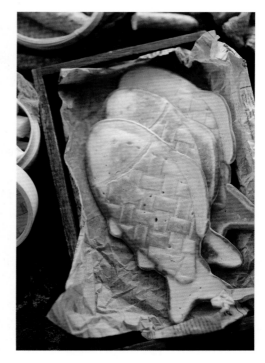

3. 轻食机的使用注意事项

轻食机大同小异，都带有可调节的加热时间旋钮，选好时间后机器开始倒计时，到时间后自动关闭。我们在准备食材的时候，可以让机器先预热 2 ~ 3 分钟，这样烤制出来的吐司或者是华夫饼等色泽会更加均匀。用轻食机做出来的三明治，外面的吐司片特别酥脆，外脆内软，各种馅儿也能完美融合。特别是两片面包的四个边儿都是压在一起的，不会像一般三明治那样把馅儿漏得到处都是。轻食机的烤盘上都带有不粘涂层，所以烘烤面糊、煎制鸡蛋、加热肉时也不会糊在烤盘上。但不粘涂层怕高温干烧也怕硬物刮擦，所以要注意这两点。

4. 如何选购轻食机

现在市面上的轻食机非常多，功能也基本类似。在挑选的时候我们可以根据自己的需求选择。比如单身人士就可以选择 Mini 款（单锅），每次制作一份三明治。如果是二胎家庭就选择 Plus 款（双锅），能同时制作两份三明治，更合适。比较优质的轻食机，首先是烤盘涂层用料较好，时间长了涂层也不易脱落；其次是加热管分布更均匀，方便吐司四边受热压紧；最后就是细节方面的设计，比如卡扣、档位最好有两个，方便做较厚的三明治时使用，以免压断把手。合页两边部分缝隙越小越好，以免溢汁、掉渣等等。

红薯
格子饼

这个格子饼用了红薯泥、酸奶、糯米粉、玉米油来做，但味道真的不比华夫饼差。感觉火候大的更好吃，特别是带着点焦痕的，更是外脆里软。这种软是有点黏糯的口感，毕竟用糯米粉做的糕点吃起来都是糯糯的，再配着红薯和酸奶自身的香甜，让人一下子吃掉两块也不稀奇。

食材和时间

🍚 分量　4至5片

🕐 时间　20分钟

🥕 材料　红薯泥...........................65克

酸奶...............................90克

白糖...............................28克

糯米粉...........................100克

玉米油...........................30克

鸡蛋（带皮约60克一个）..1个

食用油...........................适量

1

步骤

1. 红薯泥加入酸奶拌匀。

2. 将鸡蛋和白糖搅拌均匀。

3. 再倒入刚才打好的红薯酸奶糊继续拌匀。

4. 筛入糯米粉拌匀。

5. 加入玉米油拌匀，拌匀后的面糊是提起打蛋头面糊会呈一条直线落下的状态。

6. 机器预热 2 分钟。用刷子在上下盘抹点食用油，将面糊倒入模具中铺满。倒好以后可以用勺子整理一下面糊的厚度，中间可以薄一些，四边厚一些。

7. 盖上盖子加热 4 至 5 分钟即可。

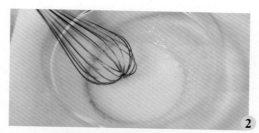

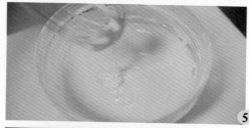

"婶子碎碎念"

1. 如果没有糯米粉也可以换成其他杂粮粉。最终的面糊以能呈直线落下的状态为好。

2. 红薯泥建议做细腻一些，这样做出的饼身才不会口感粗糙，或者也可以像我这样跟酸奶一起打成糊糊状。

3. 烘烤时间我感觉 4 至 5 分钟就好（需提前预热 2 分钟）。其实建议烤得焦一些，口感更好，因为这个饼外皮烤得焦焦的，口感好。烤得轻一些感觉口感差一些。

烤盘除了夹三明治外还可以怎么用呢？这个饺子皮版的韭菜合饼估计会给你新灵感。买一摞现成的饺子皮回来，包成小包，用机器压一压，不就是迷你版的韭菜合饼了？

韭菜小合饼

食材和时间

🍱 分量　22 个

⏰ 时间　1 小时

🥕 材料　粉丝、韭菜.................各一小把

　　　　鸡蛋..............................3 个

　　　　虾皮.............................1 小碗

　　　　饺子皮.........................22 个

　　　　盐、香油.................各 8 克

　　　　味极鲜酱油...................12 克

　　　　植物油............................少许

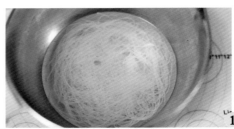

1

2

步骤

1. 粉丝提前泡软，煮熟，放到凉水里降温后捞出。

2. 将韭菜、粉丝切碎，虾皮、饺子皮、鸡蛋也都准备好。

3. 鸡蛋打散后拌匀，放少许盐调味后翻炒成细碎的鸡蛋丁。

4. 将韭菜碎、粉丝碎、虾皮和鸡蛋丁混合，倒入香油和剩余的盐、味极鲜酱油提味。韭菜馅儿就做好了。

5. 饺子皮内舀入适量的韭菜馅儿。

6. 包成小圆包。顶部的封口要捏紧。

7. 烤盘上提前刷油预热2分钟后放小圆包进去，加热7至8分钟，机器就把小圆包压成小合饼了。

8. 如果想吃出脆脆的口感，可以中途给小圆包的表面再涂一下油。

"婶子碎碎念"

1. 饺子皮在菜市场和面食店里都可买到，不怕麻烦的可以自己做。按照这个原理，基本上你可以把所有的肉包子、素包子都能压成酥脆的饼。

2. 饺子皮可以擀大些，这样包入的馅料可以多一些，小圆包会鼓鼓的，放进去压一压，表面上色效果会更好。如果包的馅料太少，扁扁的，表面上色效果就不太明显了。

3. 韭菜洗好后先控水，加入其他馅儿和调味料后也不要过度搅拌，出水后口感就不好了。

3

4

5

6

7

8

绣球
一口酥

这是一款很像绣球还奶香味十足的一口酥小饼干。做法和黄油小曲奇类似，但是我加了抹茶粉和紫薯粉调色，而且也没用烤箱，用了家里轻食机带的华夫饼盘烙的，所以做出来的外形有点像那种绣球的感觉。家里有轻食机或者华夫饼机的就可以拿出来了，活学活用，做这个小零食给宝贝们解馋吃吧。

1

2

食材和时间

🍱 **分量**　大约 45 个

⏱ **时间**　25 分钟

🥕 **材料**
无盐黄油	80 克
低筋粉	160 克
细砂糖	50 克
奶粉	15 克
盐	1 克
鸡蛋（带皮约 58 克一个）	1 个
泡打粉	2 克
紫薯粉、抹茶粉	各 2 至 3 克

步骤

1. 先准备好所有的材料。黄油切小块提前软化好，稍微打发一下。鸡蛋放入碗中打散。

2. 黄油中倒入细砂糖打发后再分次加入鸡蛋液打发均匀。将黄油和鸡蛋液充分打发至呈蓬松状。

3. 筛入低筋粉、泡打粉，还有奶粉。

4. 所有的材料拌至没有干粉，之后分成两份，一份筛入紫薯粉调色。

5. 另外一半材料用抹茶粉调色。

6. 团成两个不同颜色的面团。

7. 按照一个 8 克左右的标准分割。每一个小面团都揉成小球状。

8. 将华夫饼盘预热两分钟，之后将圆球面团间隔地放进去。

9. 盖上盖子焖 2 至 3 分钟就差不多熟了。

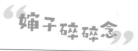

"婶子碎碎念"

1. 泡打粉可以省略，紫薯粉、抹茶粉可换其他色粉，都没有就做原味的。添加的分量按你想要的颜色深浅度调整即可。奶粉是提香用的，实在没有也可以省略。

2. 最后分割时我是按照我的华夫饼盘的间距按一个 8 克的分量分的，刚刚好。如果你的华夫饼模具间距较大，也可以按一个 10 克的分量来分，但烘烤时间也建议延长 1 至 2 分钟。

3. 也可以将面团滚成小圆球后按扁用烤箱烤，180℃烤 10 分钟左右也是可以的。

这款带夹馅儿的华夫饼，外壳烤得脆脆的，却藏着绚丽的内心。无论是样子还是口感，都让人感觉这是一款高档的早餐食物或者下午茶小吃。

紫薯馅 华夫饼

食材和时间

🍯 **分量** 8 个

🕐 **时间** 30 分钟（不含发酵时间）

🥕 **材料**
高筋粉	100 克
低筋粉	50 克
白糖	25 克
鸡蛋	1 个
牛奶	30 毫升
酵母粉	2 克
黄油	25 克
紫薯	180 克左右
食用油	适量

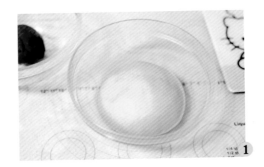

步骤

1. 先来做面团。将两种面粉和白糖、鸡蛋、牛奶、酵母粉混合。揉成一个光滑的面团后放入软化的黄油块继续揉成面团。将面团发酵到两倍大左右，或者是盖上保鲜膜放到冰箱里过夜，第二天再用。

2. 紫薯蒸熟后压成泥加入少许的牛奶（分量外）拌匀，团成一个团后备用。

3. 面团拿出来先按压、排气，之后分成 8 个小面团滚圆。紫薯也是分成 8 份。

4. 取一个小面团，按扁，压成中间厚四周薄的饼。放进一个紫薯小团，然后包起来并封口。

5. 包好以后要封口朝下放。按这个做法将 8 个小面团都包好。

6. 装好华夫饼盘，机器预热 2 至 3 分钟，刷一层薄油，在中间位置放入小面团，然后盖上盖子，加热 3 分钟即可。

7. 中途可以打开盖子查看上色情况，根据自己的喜好选择上色的深浅程度。喜欢酥脆口感的就烤得颜色深一些，小朋友吃的可以烤得颜色浅一些。

"婶子碎碎念"

1. 紫薯馅儿可以换成其他馅儿，只要能搓成球，包进去就可以，什么红豆沙、绿豆沙、白芸豆沙、紫米馅儿等等。咸蛋黄和肉松也是可以放的。哈哈，那做出的就是咸味的华夫饼了。

2. 加热时间我感觉 3 分钟就差不多，时间到了以后可以不开盖子继续闷一会，颜色也会变深的。

芋泥红薯华夫饼

这款华夫饼是用细腻的红薯泥揉面发酵，然后包入炒到顺滑、浓郁的香芋馅儿做成的。咬一口下去，外面是酥脆的金黄色饼皮，里面则是香气浓郁的芋泥馅儿。刚出锅瞬间饼就被我和小朋友们吃掉了三个，最后剩的两个也被老公打包带走了，所以它有多好吃就不用我形容了吧。大家赶紧做起来吧。

食材和时间

🍱 分量　10 个

🕐 时间　30 分钟（不含发酵时间）

✏️ 材料　面团材料：

　　高筋粉...........................120 克

　　低筋粉............................60 克

　　糖 ....25 克左右

　　鸡蛋（带皮约 60 克一个）..1 个

　　牛奶........................... 25 毫升

　　红薯泥............................60 克

　　即发干酵母........................2 克

玉米油...........................25 克

芋泥馅儿材料：

荔浦芋头 ....1 个

牛奶 .... 150 毫升

白糖 .... 30 克左右

炼乳 ....20 克

黄油 ....30 克

紫薯粉 7 至 8 克或者熟紫薯泥 40 克左右

其他材料：

植物油................................少许

步骤

1. 将 60 克蒸熟的红薯泥和其他材料都倒入面包机桶中开始揉面。
2. 所有材料能够揉成一个光滑柔软的面团就可以了，之后将它收圆。
3. 送去温暖湿润处进行发酵，发到原先的两倍大。当天来不及做的就将面团放入冰箱冷藏发酵一夜，第二天再用。
4. 芋头蒸熟后压成泥。将白糖、黄油、牛奶、炼乳、紫薯粉都准备好。
5. 平底不粘锅烧热后放入黄油化成液态，倒入刚才做的芋泥，接着倒入牛奶。
6. 再倒入白糖和炼乳调味。
7. 加 7 至 8 克的紫薯粉调色，没有的就用蒸熟的 40 克紫薯泥调色。
8. 翻炒到芋泥变成淡紫色并且很顺滑的膏状，芋泥馅儿就做好了。

9. 发酵好的面团平均分割成 10 份，每份滚圆后静置 10 分钟。

10. 炒好的芋泥取 200 克，按 20 克左右一个的标准分成 10 个小球。

11. 取一个面团包入一个芋泥球，用虎口帮忙包起来。

12. 将所有的华夫饼生坯都做好。

13. 华夫饼盘预热 3 分钟，上下都刷点植物油。将生坯有间距地放进去，盖上盖子，加热 3 分钟左右。

14. 打开盖子，能看到华夫饼已经变成金黄色了。

"婶子碎碎念"

1. 当天来不及做的，可以揉好红薯面团后密封好放入冰箱，用 4 至 7℃的温度冷藏发酵一夜后再做。如果是当天做的，就是发酵到两倍大后再做。发酵到一倍半大也可以，反正最后都按压成饼了。

2. 大家的红薯泥含水量和面粉吸水性都不太一样，所以加入液体的量要根据面团状态灵活调整。

3. 配方里的芋泥馅儿炒出来只取 200 克用就可以了，剩下的芋泥馅儿可以冷冻保存。

4. 没有华夫饼盘的就用不粘锅烙熟或者用烤箱烤熟。用烤箱的就是以上下管 180℃烤 18 分钟，上面垫油纸压个烤盘就会烤成日式红豆饼那种样子了。

燕麦香草华夫饼

华夫饼的做法分欧式和美式两种。欧式华夫饼使用发酵面团，这种饼耗时比较长，使用的也是比利时华夫饼的传统做法。美式华夫饼则简单粗暴些，将所有材料做成浓稠的面糊就可以使用了。如果你赶时间或者嫌麻烦，就试试美式做法吧。就像这个燕麦片华夫饼一样，只需要将材料混合静置一会，马上就能烤出来外脆里软的口感，趁热吃是最好吃的。

食材和时间

🍞 分量　3大片

🕐 时间　30分钟（不含静置时间）

🖌 材料　鸡蛋（带皮约55克一个）..2个
　　　　蜂蜜...........................30克
　　　　盐 1克
　　　　低筋粉.......................120克

泡打粉.............................3克
即食燕麦片.....................25克
牛奶...........................120毫升
香草精.....................3至4滴
玉米油...........................30克
食用油...........................适量

步骤

1. 鸡蛋磕入大碗中，加入盐和蜂蜜。

2. 用打蛋器打发到蛋液变得比较浓稠，也就是泡沫比较多的状态。

3. 然后倒入牛奶，用最低速搅拌均匀。

4. 滴入香草精继续拌匀。

5. 将低筋粉和泡打粉的混合物筛入到牛奶鸡蛋糊中，拌匀至没有干粉的状态。

6. 将玉米油倒入面糊中，将打蛋器开到最低档，用它拌匀即可。不要搅拌过度否则面糊起筋就不好吃了。

7. 做好的面糊应该是提起打蛋器呈现缓慢滴落的状态。将面糊静置半个小时之后再用。

9. 华夫饼盘提前 2 分钟预热，然后抹上少许油。

10. 先撒上少许即食燕麦片，然后将做好的面糊舀进去均匀铺满，边缘处可以留点缝隙避免面糊溢出来。

11. 表面再撒点燕麦片装饰，之后盖上盖子，加热 3 至 4 分钟。

12. 图中是开盖后的样子。喜欢外壳酥脆的饼可以多焖一会。这样上色深一些，成品脆一些。

"婶子碎碎念"

1. 鸡蛋糊打发那步尽量打发到浓稠，这样做出来的面糊蓬发得比较好一些。

2. 泡打粉不要省略，它可以让面糊变得蓬松。

3. 最后倒入玉米油只要拌匀即可，不要过度搅拌面糊，否则容易出筋，出筋的面糊烤出来以后口感会变得很实。而且前期打发的鸡蛋里的小气泡也会消泡。

4. 我用轻食机里的华夫饼盘做的，它的加热管比较靠近边缘的位置，所以中间位置是火力最弱的。对比加热管在中间的那些普通华夫饼机，用轻食机烤的华夫饼的颜色，中间的会比四周的浅一些。

抹茶芝士华夫饼

华夫饼拥有薄薄脆脆的表皮，轻盈柔软的内里，以及香甜的蛋奶味道。虽然现在已经演变出了各式各样的华夫饼，但人们吃得最多、最受欢迎的，还是面糊做的华夫饼。就像这款带有清香气息的抹茶华夫饼，搭配着芝士粉，经过充分烘烤后外酥里软，一出炉我就吃掉了好几块。

食材和时间

🍞 **分量**　　大约 3 片

⏱ **时间**　　30 分钟

🥕 **材料**　　鸡蛋............................2 个

　　　　　　 细砂糖......................45 克

　　　　　　 牛奶.................. 90 毫升

　　　　　　 低筋粉....................130 克

抹茶粉............................8 克

黄油............................50 克

芝士粉..........................20 克

泡打粉............................3 克

食用油............................少许

步骤

1. 所有材料都准备好。黄油提前化成液态。
2. 鸡蛋中倒入细砂糖。
3. 用打蛋器充分搅拌均匀。
4. 倒入牛奶继续拌匀。
5. 筛入低筋粉、泡打粉和抹茶粉。
6. 倒入芝士粉。
7. 将粉类材料和液体类材料充分拌匀，直到呈现能够缓慢流下的状态。
8. 最后放入化开的黄油继续拌匀。

9. 变成这样提起打蛋器面糊缓慢落下并有纹路的样子即可。

10. 机器提前预热 2 分钟，抹点油。

11. 然后倒入面糊，可以用勺子整理一下面糊的厚度，可以中间薄一些，四边厚一些。

12. 盖上盖子加热 3 至 4 分钟，打开盖子能看到面糊已经变成格子状了。

13. 如果想嫩一些，烤制时间要短点。如果想成品口感酥脆就时间长一些，但颜色会变得有些黄。

"婶子碎碎念"

1. 抹茶粉也可以换成其他色粉，都没有就做原味的即可。芝士粉也可以省略。

2. 最终的面糊以能缓慢流下并有纹路为宜。

3. 因为是抹茶色的，所以烘烤时间感觉 3 至 4 分钟就可以了（需提前预热 2 分钟）。对颜色要求不高的话，其实建议烤得焦一些，口感会更好。

肯德基
巧克力华夫饼

　　我家大娃很爱肯德基爷爷家的那款巧克力华夫饼，每回去都要点。那么小小的一块，原味的要9块钱，巧克力的就得11个"大洋"。有一次我抢过来吃了一口，看看到底有多好吃。然后发现这不就是酵母版的华夫饼嘛，表面脆，里面软，巧克力味挺浓，里面夹杂着半化开的巧克力豆，撕开后呈蛋糕状组织。就这个，我还用每次花11元买吗？家里还囤着进口的黑巧克力呢，这就回家真材实料复刻喽！

食材和时间

- 🍱 分量　6 块
- 🕐 时间　1 小时以上（不含醒发时间）
- 🥕 材料　低筋粉..........................140 克
　　　　可可粉..........................10 克
　　　　黑巧克力 ....30 克
　　　　黄油..............................40 克

鸡蛋（带皮约 50 克一个）..1 个
牛奶........................... 50 毫升
盐 ....1 克
白糖..................................40 克
即发干酵母.....................2.5 克
食用油............................. 适量

步骤

1. 黄油隔热水化成液态后备用。

2. 黑巧克力也隔热水化开，然后取 25 毫升牛奶倒进去，将巧克力浆调稀一些。

3. 鸡蛋打入盆子中，倒入白糖和盐用打蛋器打发均匀，直到糖全部化开。

4. 将酵母倒入 25 毫升牛奶中化开，和化好的牛奶巧克力液一起倒入鸡蛋液中。

5. 将鸡蛋混合物拌均匀。

6. 最后倒入化开的黄油，拌匀。

7. 将低筋粉和可可粉过筛倒入鸡蛋混合物中。

8. 用刮刀将所有的材料拌匀，做成一个光滑的巧克力面团。

9. 盖上保鲜膜，放到温暖的地方醒发 1 小时左右吧。

10. 面团平均分成 6 份，各自滚成一个小球。

11. 模具里面刷点油预热，取一个小球放在中间位置，然后盖上盖子，加热两三分钟即可。

7

8

9

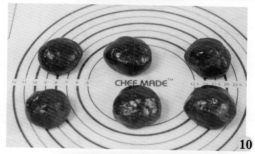
10

11

婶子碎碎念

1. 黑巧克力我用了纯的那种，比较苦，大家做的时候可以用普通的牛奶巧克力或者普通黑巧克力即可。如果不用黑巧克力只用可可粉也可以，但风味会差一些。大家用本身有甜味的巧克力时可以适当减少 10 克左右的糖。其实外面卖的好吃，无非也是因为含糖量高。大家自己做，灵活调整甜度吧。

2. 牛奶我分成了两部分，一部分用来化酵母，一部分用来调巧克力。

3. 做好的面团因为液体含量比较大所以很柔软，但不太粘手。如果你的面团很黏、不成团，就适当再加点低筋粉进去，方便它成团。盖上保鲜膜发酵时最好放到温暖处，放 1 个小时左右即可。

4. 最后的面团我分成了 6 份，也可以分成 4 份，这样成品就会大一些。这里注意，如果你家里有耐烤的巧克力豆，可以最后做成面团的时候放几颗进去，这样加热出来就能吃出夹杂着巧克力碎的口感了。

一款快手的早餐三明治。只需要将
蔬菜馅儿准备好，放入提前炒好的馅儿
然后用机器一夹就可以吃了。外面酥脆
里面则是鲜嫩的夹馅儿，好吃又方便。

口蘑厚蛋烧 三明治

食材和时间

- 🍚 分量　　2个
- ⏱ 时间　　20分钟
- 🥕 材料　　全麦吐司片.....................4片
　　　　　　口蘑片.........................适量
　　　　　　牛排酱.......................1小包
　　　　　　鸡蛋.............................2个
　　　　　　胡萝卜、玉米粒、豌豆粒
　　　　　　.............................共1小碗
　　　　　　盐.................................3克
　　　　　　黑胡椒粉.........................1克
　　　　　　植物油...........................少许

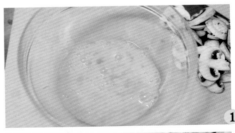

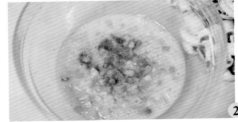

步骤

1. 鸡蛋打到碗里，拌匀。

2. 蛋液中倒入玉米粒、豌豆粒、胡萝卜粒、盐、黑胡椒粉，充分拌匀，分成 4 份。

3. 三明治机先预热 2 分钟，之后涂上一层薄油。

4. 倒入适量的鸡蛋混合物，盖上盖子，加热 3 分钟。然后打开盖子差不多就熟了。4 个厚蛋烧都做好了。

5. 锅倒入油，烧热后放口蘑片，先翻炒下，加入牛排酱翻拌均匀。

6. 机器预热后先铺上全麦面包片，再放上一片做好的厚蛋烧，再铺一层炒好的口蘑，尽量将厚蛋烧都盖住。

7. 再盖上另一片厚蛋烧，也可以在表面刷点炒口蘑剩下的酱料汁，增加黏度。

8. 盖上另一片吐司片后，盖上盖子，定时加热 3 分钟。做好的就是脆脆的三明治了。

婶子碎碎念

1. 全麦吐司片也可以换成其他的。里面的牛排酱我用了现成的酱，你也可以加点味极鲜酱油来调味。

2. 机器需要先预热再烤，这样成品的口感才会外脆里软。

3. 这个三明治可以做成三层也可以做成四层，加热 3 至 4 分钟至上色即可。

铁棍山药泥 + 鲷鱼烧

传统的鲷鱼烧基本就是用鸡蛋和面粉做成的。自己在家做，完全可以把材料灵活地替换成手头现有的各种果蔬。比如这款用山药泥做的鲷鱼烧，就放进去了孩子们喜欢吃的铁棍山药。它吃起来口感糯糯的，带着山药的清新。它营养价值高，口感好，比传统鲷鱼烧更适合给孩子当主食食用。

食材和时间

🍱 **分量** 3 个

⏱ **时间** 30 分种（不含静置时间）

✏ **材料**
铁棍山药泥....................100 克
鸡蛋（带皮约 55 克一个）...2 个
水 .... 60 毫升

细砂糖..........................30 克
低筋粉.........................150 克
泡打粉...........................3 克
玉米油..........................30 克
食用油..........................适量

步骤

1. 准备 100 克铁棍山药泥备用。

2. 其他材料也都准备好。

3. 鸡蛋打散倒入细砂糖。用打蛋器搅打到蛋液变得浓稠，也就是泡沫比较丰富的状态。

4. 将山药泥放进蛋液，改用最低速搅拌均匀。再放入食用油外的其他材料，做成面糊。

5. 将低筋粉和泡打粉的混合物过筛到山药泥鸡蛋糊中。

6. 用打蛋器将粉和鸡蛋糊拌匀到没干粉的状态。

7. 最后倒入玉米油，用打蛋器最低速将油和面糊拌匀即可，不要过度搅拌，起筋就影响口感了。

8. 面糊搅拌到提起打蛋头可以缓缓落下的状态。盖上保鲜膜静置 30 分钟再用。

9. 静置好的面团能看到里面有不少气泡。

10. 将面糊倒入裱花袋或者量杯中。

11. 鲷鱼烧模具预热 2 分钟，之后抹点油将面糊均匀地挤进去。鱼肚部分可以多挤一些面糊进去，鱼尾和鱼鳍部分也别忘了放面糊。

12. 盖上盖子，加热 3 至 4 分钟。打开盖子，看到鲷鱼两面都上色，成品变成金黄色就好了。

13. 如果想让表面的纹路也明显些，可以加热到 2 分钟时将机器翻过来，再加热到时间结束。图中是机器翻转后另外一面的形状，比正面的形状好看一些。用木筷或者比较软的工具将做好的山药鲷鱼烧拿出来即可。

11

12

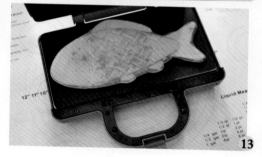

13

"婶子碎碎念"

1. 山药泥不要放太多，要不然成品口感太黏了，我觉得放 100 克就行了。

2. 这个山药鲷鱼烧不是那种比较蓬松的口感，毕竟山药泥蛮多的，烤出来的蓬松度会比只用低筋粉做的鲷鱼烧差一些，口感略实一些。

3. 泡打粉不可省略，加入油之后，只要拌匀即可。不要过度搅拌，因为本身做出来就是口感比较实的鲷鱼烧了，如果搅拌过度成品就不好吃了。

4. 面糊可以多倒入一些，尤其鱼肚部分，这样加热后鱼膨胀得会更加饱满。我用这个分量做了 3 条"大鱼"，如果是"小鱼"的话能做 8 至 10 个吧。

5. 烤制中途可以将机器翻转下，这样表面的花纹纹路也会清晰一些。

南瓜紫薯鯛鱼烧

这款用紫米和紫薯泥做成的鲷鱼烧，烤好后金灿灿的。咬下去，外壳是脆脆的，充满南瓜的香甜，里面则是香气浓郁的紫薯、紫米，口感比普通的红豆沙馅儿鲷鱼烧更好。

食材和时间

- 📦 **分量**　大约 12 个
- 🕐 **时间**　30 分钟（不含静置时间）
- ✏️ **材料**　鸡蛋（带皮约 55 克一个）...2 个
  - 南瓜泥............................95 克
  - 水 .... 55 毫升
  - 白糖............................35 克
  - 低筋粉........................150 克
  - 泡打粉............................3 克
  - 玉米油..........................30 克
  - 紫薯泥........................130 克
  - 紫米饭..........................70 克
  - 炼乳.............................少许
  - 食用油......................... 适量

步骤

1. 将紫薯泥放入蒸熟的紫米饭和少许炼乳拌匀。

2. 两个鸡蛋打入碗中，再加入白糖，用打蛋器拌匀成泥。

3. 倒入南瓜泥和水继续拌匀。

4. 筛入低筋粉和泡打粉的混合物。

5. 用蛋抽子拌匀成顺滑的糊。

6. 分次倒入玉米油，拌匀。

7

8

9

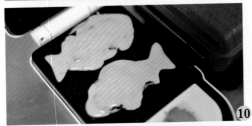

10

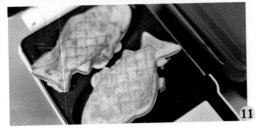

11

7. 提起打蛋头，面糊可以呈直线型流下就可以了，静置 30 分钟再用。

8. 烤盘上抹点油，先预热 2 分钟，在鱼肚位置放入少许面糊。

9. 面糊上面放入少许压扁的紫薯馅。

10. 再倒入少许的面糊，将整个馅料和鱼尾鱼头的位置覆盖住。盖上盖子，加热 3 至 4 分钟。

11. 成品颜色变成金黄色就做好了。

"婶子碎碎念"

1. 做鲷鱼烧之前需要将机器预热 1 分多钟，这样第一次舀入的面糊底部受热会略微凝固，在放入馅料尤其是往下按压的时候，就不会从底部漏出来。如果你不预热机器直接放面糊，馅料往下按压后就会穿过流动的面糊接触到鱼盘，这样烤出来底部就会露出紫色内馅，表面就不好看了。

2. 时间紧张来不及做紫薯紫米馅儿的，可以换成红豆沙馅儿，只要是能够压扁的馅料都可以用来做鲷鱼烧的内馅。太硬的就算了，面糊盖不住的。

3. 填充鲷鱼烧的面糊需要特别仔细。第一次填充，主要将鱼肚部分填好，方便放馅料时按压。第二次填面糊就是把馅料整个盖住，鱼鳍、鱼尾也要填好。不能倒得太满，要是面糊都从鱼盘的边缘处漏到机器的接缝位置去了，那就不太好清理了。

印象中的鲷鱼烧，一直都是甜味夹心。这次大胆一些，用了以培根和马苏里拉芝士丝为主的咸馅儿，外皮的面糊则用了大麦苗粉来调色。这是一款很特别的咸味小点心，特别是刚做出来的时候掰开，还能拉丝呢。

培根芝士馅
鲷鱼烧

食材和时间

🍱 **分量**　大约 3 个

🕐 **时间**　30 分钟（不含静置时间）

🥄 **材料**　鸡蛋（带皮约 55 克一个）...2 个

　　　　　牛奶 .... 80 毫升

　　　　　玉米油 .... 20 克

　　　　　低筋粉 .... 135 克

　　　　　细砂糖 .... 20 克

大麦苗粉 .... 10 克

盐 .... 2 克

泡打粉 .... 3 克

培根 .... 2 片

马苏里拉芝士丝 .... 半碗

食用油 .... 少许

步骤

1. 两个鸡蛋打入碗中，加入细砂糖用打蛋器拌匀。
2. 倒入牛奶、盐继续拌匀。
3. 筛入低筋粉、大麦苗粉和泡打粉的混合物。
4. 用蛋抽子拌匀成顺滑的糊糊。
5. 分次倒入玉米油，拌匀。
4. 提起打蛋头，面糊可以缓慢地流下即可，静置30分钟再用。
7. 培根放到不粘锅里小火煎熟。
8. 将培根剪成小块状。芝士也准备好。

9. 机器抹点油后预热 2 分钟。

10. 在鱼肚位置放入少许面糊。

11. 面糊上放入少许培根和芝士丝。

12. 再倒入少许的面糊，将整个馅料和鱼尾、鱼头的位置覆盖住。

13. 盖上盖子，加热 3 至 4 分钟，面糊都熟了并且有些变黄就做好了。

14. 图中显示的是另一边的样子，因为是在底部的，所以纹路比表面那边好看一些。

"婶子碎碎念"

1. 没有大麦苗粉可以不用，也可以换成其他果蔬粉。

2. 鲷鱼烧是两面上色的，所以想两边都好看，可以中途将机器翻转过来放一会。

3. 我这个机器的鲷鱼烧盘子比较大，如果换成小盘来做，分量可以减半。

七种口味三明治

对于厨房小白来说，只需要简单地把食材一铺一夹，健康好吃、颜值"爆表"的三明治就做好了。和未加工的吐司比起来，有着焦黄脆边和表皮的吐司也更加让人垂涎欲滴。七种不同风格不同口味的三明治，每一款的做法都超级简单。这里有营养丰富的水果馅儿，还有能量满满的荤菜馅儿，你一定可以找到爱吃的那款，一周七天不重样。

双薯甜蜜

食材和时间

- 分量　1 个
- 时间　5 分钟
- 材料
  - 紫薯泥..........................1 小碗
  - 红薯泥..........................1 小碗
  - 海苔片.............................1 片
  - 芝士片.............................1 片
  - 吐司片.............................2 片

步骤

1. 材料都准备好。
2. 吐司片上先涂一层红薯泥。红薯泥上面盖上一片芝士。
3. 再放上一片海苔。
4. 最后铺上一层紫薯泥，盖上另一片吐司后焖 3 至 4 分钟。

鸡肉风情

食材和时间

- 分量　1 个
- 时间　12 分钟（不含腌制时间）
- 材料
  - 鸡胸肉..........................半块
  - 西红柿片.............................1 片
  - 紫甘蓝.............................少许
  - 南瓜泥..........................1 小碗
  - 烤肉酱料.............................5 克
  - 吐司片.............................2 片

步骤

1. 鸡胸肉提前用少许烤肉酱腌制下，然后放到烤盘上煎熟。
2. 紫甘蓝切丝。准备好其他材料。
3. 吐司片上先抹一层南瓜泥。
4. 放上煎熟的鸡胸肉，再抹一些烤肉酱。
5. 再放上紫甘蓝丝和西红柿片，之后盖上另一片吐司加热 3 至 4 分钟。

杂粮养生

食材和时间

- 📊 **分量** 1 个
- 🕐 **时间** 8 分钟
- 🥕 **材料**

紫甘蓝丝	少许
紫米饭	1 小碗
鸡蛋	1 个
金枪鱼	1 小碗
南瓜吐司片	2 片
蜂蜜	少许

步骤

1. 提前将紫米饭煮熟，煮熟后加上蜂蜜调味。准备好其他材料。
2. 鸡蛋拌匀倒入吐司烤盘中铺匀，加热 3 分钟左右，摊成两片蛋皮备用。
3. 吐司片上先抹一层紫米饭。
4. 再放上紫甘蓝丝，将摊好的蛋皮也铺上去。
5. 蛋皮上再铺一层金枪鱼肉，盖上另一片吐司后加热 3 至 4 分钟即可。

海鲜总汇

食材和时间

- 📊 **分量** 1 个
- 🕐 **时间** 20 分钟
- 🥕 **材料**

蟹肉棒	3 根
虾仁	10 个左右
西葫芦片	5 片
盐	少许
吐司片	2 片
食用油	少许
紫甘蓝丝	少许

步骤

1. 材料都准备好。
2. 烤盘抹油，先放入西葫芦片正反面煎熟，撒少许盐后备用。
3. 再将虾仁也煎熟。
4. 吐司片上先放西葫芦片，之后放上虾仁。
5. 再铺少许的紫甘蓝丝，放上蟹肉棒。之后盖上另一片吐司，合上机器烘烤 3 分钟左右即可。

西式早餐

食材和时间

🍱 分量　1 个
⏱ 时间　10 分钟
🥕 材料　鸡蛋.............................1 个
　　　　火腿片..........................2 片
　　　　生菜.............................1 片
　　　　芝士片..........................1 片
　　　　西红柿片 ....1 片
　　　　黄瓜片..........................4 片
　　　　沙拉酱（选用）..............少许
　　　　吐司片..........................2 片

步骤

1. 材料准备好。三明治烤盘磕入鸡蛋煎熟备用。

2. 吐司片上放生菜和 1 片火腿。

3. 盖上芝士片，再放上刚才煎好的荷包蛋。

4. 铺上西红柿片和火腿片，此时也可以涂点沙拉酱。

5. 再放黄瓜片，盖上另一片吐司，合上机器烘烤 3 至 4 分钟即可。

能量牛肉

食材和时间

🍱 分量　1 个
⏱ 时间　20 分钟
🥕 材料　牛排........................ 1 小块
　　　　洋葱丝........................ 1 小碗
　　　　杏鲍菇片.................... 4 片
　　　　黄瓜片....................... 4 片
　　　　牛排酱....................... 少许
　　　　食用油....................... 适量
　　　　吐司片....................... 2 片
　　　　黑胡椒碎 .... 少许

步骤

1. 材料准备好。

2. 烤盘抹油预热后放入牛排，煎熟后备用。

3. 洋葱丝和杏鲍菇片都放到烤盘上煎熟，中途可以撒点黑胡椒碎调味。

4. 吐司片放点黄瓜片后放上牛排，抹点牛排酱。

5. 将洋葱丝和杏鲍菇铺上，抹少许牛排酱调味。盖上吐司片后烘烤 3 至 4 分钟即可。

果香缤纷

食材和时间

- 🍱 **分量** 2 个
- ⏱ **时间** 5 分钟
- 🥕 **材料** 草莓.........................4 个左右
  杞果丁.........................1 小碗
  酸奶.............................1 小盒
  吐司片（厚）.................2 片

步骤

1. 草莓提前切好。其他材料也准备好。

2. 吐司片上先铺好草莓。

3. 撒上酸奶，建议用比较厚的吐司。

4. 铺上杞果丁，盖上另一片吐司，合上机器后烘烤 3 至 4 分钟即可。

"婶子碎碎念"

以下是做三明治的常用材料。

1. 三明治基底：吐司、法棍、全麦面包、普通面包、贝果。

2. 酱料：西红柿酱、沙拉酱、果酱、花生酱、辣椒酱、蛋黄酱。

3. 蔬菜：生菜、紫甘蓝、胡萝卜、圆白菜、黄瓜、西红柿、西葫芦。

4. 肉类：鸡胸肉、金枪鱼、鸡蛋、牛排、虾、三文鱼、培根、香肠、小龙虾。

5. 水果：香蕉、杞果、火龙果、猕猴桃、牛油果。

6. 各种泥：芋泥、紫薯泥、南瓜泥、红薯泥……可以食用的、你喜欢的都可以加。

7. 其他材料：芝士、肉松、紫菜、海苔、坚果、酸奶……

第四章
优雅的原汁机

  原汁机在出品口感和方便度上都比传统榨汁机有了质的飞跃。除了榨果汁外，采用慢磨原理的原汁机也可以用来制作豆浆、米糊、冰激凌等等。

玩转原汁机

1. 原汁机是什么

原汁机，是在常规的搅拌型榨汁机的基础上发展起来的。它通过低速螺旋挤压的技术（挤压的速度越慢越好），将水果像挤毛巾一样挤，把里面的果汁慢慢地挤压出来，从而实现果渣和果汁直接分离的效果。这种榨汁方法不易破坏水果细胞结构，可以让大部分营养素保留下来。与每分钟7000～12000转旋转的榨汁机不同，低速出汁的原汁机也不会出现刀片快速旋转产生的高热，从而避免了果汁因受热而变色的问题。它在出品口感和方便度上都比传统榨汁机有了质的飞跃。除了榨果汁外，采用慢磨原理的原汁机也可以用来制作豆浆、米糊、冰激凌等等。

2. 原汁机的构成

原汁机一般为立式结构，上方设有投料口，将水果等食材投进去后，通过内部螺旋推进器的旋转挤压和过滤网的过滤后，实现一边出果渣一边出果汁的榨汁效果。目前比较受欢迎的是大口径原汁机，因为可以将小于投料口的水果等食材直接放入。像苹果、西红柿、剥皮后的橙子等等，不用切直接整颗投入进料口即可，使用起来十分方便。

3. 原汁机的使用注意事项

有硬核的水果，像杧果、桃子、杨梅等等，是必须要去掉硬核后才可以榨汁的，否则会损坏螺旋推进器并造成卡机现象。像甘蔗这种硬物更不能够放进机器了。鉴于水果的硬度和含水量不同，所以在榨不同水果时要使用不同的滤网。像苹果、梨子、西瓜这类果肉含水量高的水果，建议用机器配套的细过滤网。而像杧果、西红柿、草莓这类果肉偏软偏泥状的，就用粗网。制作豆浆、米糊时，米类、豆类食材都需要浸泡到变软后再用，避免因食材太硬而卡机。制作的时候，也需要采用一勺豆子（或大米）一勺水的方式往机器里添加，以免阻塞出汁口。

4. 如何选购原汁机

好的原汁机，在电机寿命、机器配置和出汁效果上都会比普通机器好些。特别是作为核心配件的螺旋推进器，和水果直接接触并将其频繁碾压，如果不采用高硬度耐磨的材料，只是用普通塑料制成，那么短期内还可以，磨损久了之后，说不定就会有很细微的塑料粉末渗入果汁中被人喝进去了。除了肉眼看不到的区别，从出汁率、出汁纯度、果渣重量、果汁湿度等方面，也能感受到优质原汁机与普通机器的区别。所以选购原汁机的时候，尽量选择大品牌或者是按一分钱一分货的原则选购吧。

一天吃一个苹果是人们熟知的保健方法。苹果可以促进新陈代谢，对血管系统和神经系统有好处，还可预防感冒。菠萝也是好东西，不但气味芳香，还含有大量有机酸特别是柠檬酸，甚至还有特殊的酶——菠萝蛋白酶。这些物质可以消肿，帮助消化，舒缓喉痛。

菠萝
苹果汁

食材和时间

🍶 **分量** 2至3人份

🕐 **时间** 5分钟

🥕 **材料** 菠萝...................................1个

苹果...................................2个

盐水...................................适量

步骤

1. 菠萝最好让卖水果的人帮忙把皮处理一下，然后切成大块，泡盐水里半个小时左右捞出。

2. 苹果洗干净，然后切大块。也可以把苹果核挖去，再切成块。机器是大口径的投料比较方便，无需切成小块。

3. 按照先苹果后菠萝的顺序依次将材料投入果料口。如果先放菠萝的话，左边出渣口会有少量菠萝汁流出的。

4. 先关上出汁口，让两种果汁充分融合。

5. 放出来的就是做好的菠萝苹果汁了。

"婶子碎碎念"

1.鲜榨的果汁最好尽快喝完，这样能保持新鲜，保存较多的营养。苹果切开放置一段时间后颜色会变深，因此在家榨果汁一定要现榨现喝，尽快喝掉，静置时间越短，营养效果越好。

2.菠萝需要用盐水浸泡半个小时左右再吃。菠萝含有一种酶，如果直接食用，可能会引发过敏反应，还可能对口腔黏膜和嘴唇的幼嫩表皮产生刺激。盐水能破坏这种酶，如果浸泡时间不够，酶没有完全失去活性，依然可能造成过敏现象。

橙子
苹果汁

橙子能补充维生素 C，苹果可以美容增白，所以这款混合果汁非常适合小朋友和年轻女性朋友喝。有小伙伴问我用粗网还是细网好，自己榨汁的话怎么都行啊。一般我自己喝就用粗网做，可以保留膳食纤维。给娃儿喝用细网做得多一些，因为小朋友们都不喜欢带渣子的口感。

食材和时间

🍱 **分量**　2 人份

🕐 **时间**　5 分钟

🥄 **材料**　橙子.............................2 个

　　　　　苹果.............................1 个

步骤

1. 因为是将整个水果放进去，所以橙子需要先去皮。苹果洗干净就可以了。
2. 将苹果和橙子依次从大口处丢进去。
3. 左边出果渣，右边就出来纯净的果汁了。
4. 最后榨出来的果渣，可以当花肥用。

"婶子碎碎念"

1. 榨果汁的时候，建议先放水少的水果，再放水多的。如果先放水多的，排渣口那里一开始容易有果汁流出，比较浪费，先放水少的就会直接出渣了。

2. 有人问苹果需要去核吗？如果用破壁机这种肉、核一起打碎的，需要去掉果核，但原汁机可以不用，果核会随着果渣排出来，不会留在果汁里。但如果水果中有桃子或者樱桃这种含有硬果核的，就容易卡机，所以榨汁前需要先去一下果核。

①

②

③

④

胡萝卜梨汁

胡萝卜，在蔬菜界是一种挺尴尬的存在。比如我就很不爱吃，总觉得它像是喂兔子的饲料，上不了台面。如果用来炒菜，也感觉成品有股怪怪的味道。但是，如果把胡萝卜和梨子放在一起榨汁喝，就很"赞"了。梨子的汁水可以掩盖胡萝卜的怪味，而胡萝卜汁还可以中和梨汁的甜度。

食材和时间

🍶 **分量**　1 杯

⏱ **时间**　5 分钟

✏ **材料**　胡萝卜............................1 根
　　　　　梨子（大）......................1 个

步骤

1. 胡萝卜先切成段。梨子洗干净，切成两块。
2. 然后放入胡萝卜和梨子榨汁。
3. 先不要打开出汁口，让果蔬汁充分融合。
4. 边出渣边出汁就好了。榨剩下的渣不要丢，留着做馅儿很好用。

"婶子碎碎念"

1. 可以边开机器边往里投料，如果都堆积在进料口再开机，容易给转轴造成较大压力，导致机器停转。

2. 质地较硬的果蔬会给原汁机转轴带来挑战，所以家庭用不建议购买塑料质地的转轴，一定要选择材料强化过的。短时间内用塑料的原汁机也许无妨，但时间长了，转轴损耗较大以后，细微的塑料粉末可能会进入果汁，进而影响健康。

1

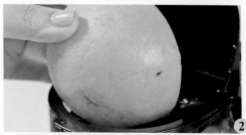

2

3

4

苹果莲藕养生汁

果蔬汁属于天然营养剂。身体的不同病症都可以用相应的果蔬汁调理食补。比如这款苹果鲜藕汁不但含有丰富的纤维，可消除便秘，还富含维生素C，可预防感冒。苹果的功效大家都知道，它有很强的润肠通便作用，还可以降低胆固醇，促进血液循环。搭配的莲藕，有促进肠道活动、消除便秘的作用。

食材和时间

- 🍲 **分量** 2 人份
- ⏱ **时间** 10 分钟
- 🥄 **材料** 苹果.................................1 个
  莲藕.............................小半截

步骤

1. 莲藕质地比较硬，所以最好切成小块再榨汁。榨苹果汁则无所谓，使用大口径机器的话直接放入苹果或者将其切大块都行。

2. 启动机器依次投入苹果和莲藕，出汁口先不要打开。

3. 让两种果蔬汁混合后再打开出汁口出汁。

4. 看一下出的渣，很干很干了。

"婶子碎碎念"

1. 鲜榨的苹果藕汁要尽快喝完。一是莲藕汁容易氧化，这也是为什么切好的莲藕片要泡水才不变色的原因。二是苹果和莲藕都属于含有大量淀粉的食材，静置 15 分钟以上，淀粉层就会在底部沉淀，影响口感。

2. 莲藕比较硬一些，所以尽量先切成小块再放进去榨汁，以免损伤机器的研磨配件。

1

2

3

4

GOOD MORNING

西柚蔬菜汁

只用水果做的果汁对我来说总感觉太甜，营养也单一，所以我一直习惯用水果加蔬菜的搭配来做。这款西柚果蔬汁，可以加速脂肪和胆固醇的代谢，帮助预防动脉硬化。黄瓜具有利尿消肿作用。如果没有柠檬汁就光用西柚加橙子，做出的成品也很好喝。

食材和时间

⚖ 分量　3杯

⏲ 时间　10分钟

✎ 材料　红心西柚 2至3个

　　　　黄瓜 2根

　　　　橙子 3个

　　　　柠檬汁 .... 少许

"婶子碎碎念"

1. 为什么超市里的鲜果汁不分层，自己榨的就分层？

真正用原汁机做的鲜榨果汁，是利用石磨原理将汁渣分离做出来的，但因为过滤网上的眼洞并不是微孔，所以会有细微的果渣留在果汁里。两者的密度不同，所以鲜榨的果汁放置一会儿就会出现分层现象。为啥超市里的果汁不分层呢？第一，可能果汁是直接用糖浆勾兑的，都是一样的东西当然不分层了。第二，就是果汁经过了层层过滤，也就几乎没有沉淀物，所以不分层。

2. 为什么有的果蔬做完后出的渣子很干，有的做完后出的渣子很湿？

果蔬的含水量不同出的渣就不一样，比如石榴、芹菜、莱阳梨，这一类的果渣就相对干一些。而橙子、菠萝、火龙果等的渣子就湿漉漉的，像草莓、香蕉的渣子基本就是果泥了。所以榨汁的时候可以用汁水多的搭配汁水少的，或者灵活使用原汁机的粗细过滤网。一般果肉硬度大的用细网多一些，果肉软的用粗网多一些。

步骤

1. 将西柚和橙子剥皮，黄瓜切掉蒂和顶上的部分。如果用小口径机器制作，就得先切成小块再用。

2. 将原汁机的出汁口先关闭，启动机器分次投入柚子、橙子和黄瓜，再放入少许柠檬汁。

3. 先等三种果蔬的汁水充分混合。

4. 之后再打开出汁口就可以了。

西红柿
芹菜汁

当你吃了比较油腻的食物后，就可以制作这款能够清理肠胃的果蔬汁了。咕咚咕咚喝一大杯，感觉很清爽。西红柿含有丰富的维生素 A 及维生素 C，芹菜则有平肝、降压作用。

食材和时间

🍶 分量　2 人份

🕐 时间　5 分钟

🥕 材料　西红柿..............................2 个

　　　　　芹菜..............................一小根

步骤

1. 西红柿洗干净外皮。芹菜也洗干净，切段。
2. 启动机器放入西红柿和芹菜段榨汁。
3. 汁水混合后再开出汁口。为了让蔬菜汁更细腻，可以在出汁口处放一层滤网。
4. 左边出渣，右边出汁就榨好了。

婶子碎碎念

1.这个果蔬汁味道比较特别，适应不了可以加点梨汁进去，就很好喝了。

2.我是整个西红柿往里放的，如果你的机器口径小，可以切块后放。

苦瓜
黄瓜汁

黄瓜、苦瓜是两宝，尤其是高温闷热天，非常适合混合在一起榨汁喝。它的味道虽然有些苦，但是降压、去火的效果很不错。大家没事的时候可以榨上一大杯，加点冰块或者蜂蜜喝下去，比吃冰棍、喝凉饮料健康多了。黄瓜能降低血液中的胆固醇。苦瓜具有明显的降血糖作用，对糖尿病有一定疗效。

食材和时间

🍶 分量　2人份

🕐 时间　10分钟

🖊 材料　苦瓜.................................1根

　　　　黄瓜..........................3～4根

　　　　蜂蜜.................................少许

步骤

1. 将原材料洗干净。

2. 苦瓜一定要去籽、去白色果肉，否则会很苦。黄瓜切蒂。

3. 切成大块放进原汁机榨汁。

4. 左边出来的渣可以当花肥，右边出来的就是纯净的蔬菜汁。放入适量的蜂蜜调匀后就可以喝了。

"娘子碎碎念"

1. 如果想苦味淡一些，可以将苦瓜去籽取肉后用开水焯一下再榨汁。

2. 如果你喜欢喝带果肉的糊糊，可以用料理机或破壁机搅打后不过滤食用。这种做法比较适合牙口不好的中老年人。

3. 榨好的双瓜汁可以放到冰箱里冷藏后再喝，味道更佳。

三豆豆浆

豆浆，是很多人家里早餐常喝的饮料。大家大多是用豆浆机或者是破壁机来做豆浆，这次我们用原汁机来做吧，成品别有一番风味。和其他机器做的豆浆相比，因为原汁机是磨的，所以做出来的豆浆口感更加细腻，也比较像我们小时候喝的那种豆浆。不信你来试一试。

食材和时间

🍚 **分量**　2 人份

⏱ **时间**　15 分钟（不含浸泡时间）

🥕 **材料**　黄豆、黑豆、花豇豆……各 30 克
细砂糖…………………………少许
清水………………… 400 毫升

步骤

1. 所有豆子需要提前泡发，至少泡四个小时以上至变软。

2. 用原汁机做豆浆要选择细滤网。做出的豆浆越细腻越好。

3. 先不用开出汁口，用勺子舀入泡好后的豆子，然后再倒入清水，让豆子和水混合后制作。按照一勺豆子、一勺水的顺序操作。这里是必须要加水的，因为豆子所含水很少，不加水成品就会是糨糊状的。

4. 左边出来的是很干的豆渣，右边出豆浆。

5. 出来的豆浆放入小奶锅中，小火加热到沸腾，沸腾4至5分钟后再关火，让豆浆彻底煮熟。煮制期间要搅拌几下，避免糊底。

6. 加入适量的细砂糖，就可以喝啦。

1. 原汁机是用石磨原理做出豆浆的，所以出来的豆浆很像我们小时候在学校里喝的那种豆浆，口感纯净。破壁机采用的是搅打方式，成品不过滤的话，口感要更丰厚一些。如果是功率大的破壁机，在搅打以后可能是过滤不出多少豆渣的，所以这个教程比较适合用原汁机的小伙伴们。

2. 用原汁机做豆浆，需要按一勺豆子、一勺水的顺序去慢磨，不加水做出来的豆浆很黏稠。

姜汁撞奶

姜汁撞奶是广东当地的特色甜品，因为是用蛋白质和脂肪很多的新鲜水牛奶来做的，所以凝固效果特别好，味道也很浓。没喝之前，我很纳闷口味辛辣的生姜与顺滑的牛奶怎么可能搭到一起去啊。直到第一口下肚，才觉得它还真是有些与众不同呢。

姜汁撞奶的美味来自牛奶与姜汁的激情碰撞，所以倒牛奶的时候，要将杯子提到一定高度，不要犹豫，在一瞬间把杯子以特定角度倾斜，让牛奶快速进入姜汁中。在4至5秒内倒完，才能产生完美的口感。

食材和时间

- 🍱 **分量**　2人份
- ⏱ **时间**　30分钟
- 🥕 **材料**　全脂牛奶 .... 500 毫升

  新鲜的生姜1块（取40克生姜汁用）

  全脂奶粉 .... 15 克

  细砂糖 .... 12 克

  杏仁片 .... 少许

步骤

1. 先来做生姜汁。将生姜切成小块。放入到原汁机中。

2. 启动机器，开始榨汁。

3. 大概榨出一碗来。我们肯定用不完，留下 40 毫升，剩下的找一个小瓶密封留用。看一下渣子，很干了。

4. 把牛奶倒入奶锅中，加入 1 大勺全脂奶粉，这样会让牛奶的凝固效果更好。

5. 小火加热到微微沸腾后关火，再加入细砂糖拌匀，让糖化开，然后放在一边让其降温到 70℃左右。

6. 将刚才榨好的姜汁，分别取 20 克倒入两个碗中。

7. 这时候牛奶凉到 70℃左右了。

8. 倒进盛着姜汁的碗中。每个碗大约倒入 250 毫升牛奶，然后静置。

9. 静置期间不要晃动，让其自然凝固。凝固好了，就可以食用了。

"婶子碎碎念"

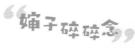

1. 如果不想喝热的，也可以放入冰箱冷藏后再喝，别有一番风味。

2. 牛奶煮好后，在 70℃左右时倒入姜汁中效果最好。如果没有温度计，就放凉几分钟，感觉不太烫手了就倒入。千万不要晃动倒入姜汁的奶，要不很难凝固。

3. 我用的奶和姜汁的比例大约为 25 : 2，糖是 12 克左右。甜品铺子里的成品偏甜些，大家根据口感调整两者比例哈。

3

4

5

6

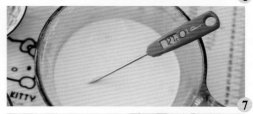

7

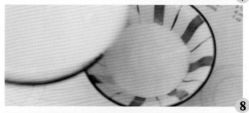

8

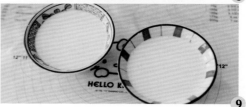

9

莲藕汁营养很丰富，特别是用原汁机直接做的更是如此，加点水和冰糖熬煮就能做成好喝的莲藕羹了。但是剩下的藕渣怎么办呢？我们可以一藕双吃。做好以后，不但能喝到清甜暖胃的莲藕羹，还能把藕渣都处理得干干净净呢。

一藕双吃

食材和时间

🏺 **分量**　2 人份

⏲ **时间**　30 分钟

🥕 **材料**

胡萝卜	1 根
莲藕	1 根
面粉	10 克
黑胡椒粉	1 克
盐	3 克
清水	100 毫升左右
冰糖	3 至 4 块
油	适量

1

2

步骤

1. 莲藕去皮后切成厚片，胡萝卜也切成厚片。

2. 先榨胡萝卜，出来的渣子过会用来做丸子吃。胡萝卜汁可以当饮料喝。

3. 再榨莲藕。莲藕的含水量还是挺大的。

4. 这样藕汁和胡萝卜渣及藕渣就都准备好了。

5. 可以先做丸子。将胡萝卜渣和莲藕渣混合到一起，再加入面粉、黑胡椒粉、盐，以及两勺刚才榨出来的莲藕汁混合均匀。

6. 拌匀后按照一个 10 克左右的标准将其团成丸子状。

7. 锅烧热后放入丸子油炸，炸到变成金黄色就可以了。

8. 榨好的藕汁放入小锅里，加入清水和冰糖。

9. 加热煮到沸腾，记得一直搅拌，避免煳底，煮熟后香浓的莲藕羹就做好了。

"婶子碎碎念"

1. 喜欢莲藕的可以用 2 至 3 根来做。因为用原汁机榨汁，藕要比胡萝卜出汁多不少，渣子也就少一些。

2. 藕里面有淀粉，容易氧化，所以需要先榨胡萝卜，然后再榨莲藕。渣子和汁分开装。

3. 藕汁里面有大量的淀粉，所以如果不加水直接熬煮，成品就会变成糨糊状了。我一般是将藕汁和水的比例设置为 1：1，这样煮开后成品稍微有点浓，但又不会太黏稠。大家根据自己的喜好调整加水量哈。

西瓜冰激凌

食材和时间

🍚 **分量** 2人份

🕐 **时间** 10分钟（不含冷冻时间）

🥕 **材料**
淡奶油.........................150克
酸奶.............................150克
细砂糖..........................30克
西瓜.............................200克
薄荷叶.........................少许

外面的冰激凌虽然好吃，但少不了添加剂尤其是凝固剂、防腐剂之类的，所以冰激凌还是自己做的最好。传统做法要4个小时以上才能做好，相当麻烦。为了更方便，就发掘出一种用原汁机做冰激凌的方法。家里有原汁机的小伙伴，着重看这篇食谱吧，感觉非常简单呢。

1

2

步骤

1. 西瓜直接切成小块，去掉西瓜籽。

2. 淡奶油倒入碗中，加入细砂糖用打蛋器打发，能看到明显的纹路就可以了。

3. 打发好的淡奶油倒入西瓜块中。

4. 再倒入酸奶。将材料拌匀。

5. 倒入保鲜盒中，抹平表面，然后放进冰箱冷冻。

6. 变成硬的大冰块后用脱模刀将冰块脱模。

7. 切成大块，放进原汁机投料口。

8. 启动机器，将西瓜冰块丢进去。

9. 从出渣口会直接压出来长条状的西瓜冰激凌，放一些薄荷叶装饰即可。可以直接吃也可以放到碗里搭配着水果吃。

"婶子碎碎念"

1. 原汁机碾压冰块需要很大动力，所以尽量用质量好一些的原汁机来做。

2. 西瓜也可以换成其他水果来做，比如杧果、草莓等等。

3. 不喜欢酸奶的也可以换成牛奶，但是分量就减到 10 毫升吧，液体多自然冰就多。没有淡奶油的也可以用牛奶，但是口感肯定没有加了淡奶油的好吃了。

4. 冰块碾压多了以后，机器的过滤网和螺旋推进器之间会有一些冰残留。将这些冰取出来再丢进去复榨一遍，就可以再做一些冰激凌出来了，不浪费食材。

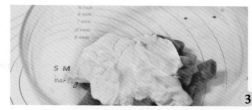

3

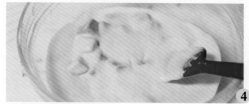

4

5

6

7

8

9

橙汁冬瓜罐头

这道清新爽口的橙汁冬瓜罐头，用料非常朴实，感觉和黄桃罐头的受欢迎程度不相上下。做好后给家里人吃，让他们猜这里面黄色的方块是啥，有猜雪梨的，有猜桃子的，但就是没人猜冬瓜，可见用冬瓜做罐头还是少见啊。它的味道很酸甜。冬瓜也被腌渍得变成了淡黄色，几乎吃不出原先的冬瓜味道了。

食材和时间

🍶 分量　1 罐

⏱ 时间　20 分钟 (不含冷藏时间)

✏ 材料　橙子..................................3 个

冬瓜..........................200 克

细砂糖.........................15 克

苹果醋.......................30 毫升

（ 可用米醋或者柠檬汁代替 ）

步骤

1. 橙子剥皮。皮不要丢，找个保鲜袋放起来。可以用它做橙丝糖吃。

2. 将果肉丢进原汁机榨汁吧。

3. 3个橙子差不多能榨出来380毫升的橙汁，所以我就按这个分量来做了。

4. 冬瓜切成方块。如果有那种圆勺也可以挖成球状，更好看。

5. 冬瓜丁过沸水烫一下，捞出来沥干水。

6. 橙汁内倒入细砂糖拌匀，再倒入苹果醋拌匀。

7. 用中小火煮沸后倒入冬瓜丁，煮2分钟。

8. 将橙汁和冬瓜丁都倒入提前消毒过的密封罐中，放凉后密封好放进冰箱冷藏即可。

"婶子碎碎念"

1.糖的分量可以根据自己的口味调整。加入醋不但可以开胃，也可以起到一定的防腐作用。

2.冬瓜放入橙汁前最好过一遍沸水，可以去掉本身的生涩味。冬瓜属于凉性食物，可以消热、利尿、消肿，适合体热的人吃。肠胃偏寒的人，就不要吃冷藏的了，吃加热的即可。

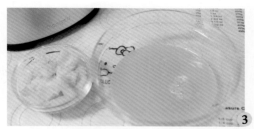

土豆山药蜂蜜膏

食材和时间

🍚 分量　2 人份

⏱ 时间　15 分钟

✏️ 材料　新鲜大土豆.....................1 个
　　　　山药.........................一小节
　　　　蜂蜜.........................少许

土豆又叫马铃薯，可别小看这不起眼的食物，它有很多你没发现的用处呢。比如这款山药土豆蜂蜜膏，就很适合胃不好的人食用。现代生活压力大，尤其是处于大城市写字楼的白领，很多都有饮食不规律的现象，就容易得胃溃疡、十二指肠溃疡等疾病。这个土豆山药蜂蜜膏，可以帮助溃疡患者早日康复。比较科学的食用方法是早晚各吃一次，空腹吃。量不用很多，一大口就可以了。空腹吃，食物可直接覆盖胃黏膜，能提升效果。在服用过程中记得忌食刺激性食物哈。另外，血糖不稳定者不宜服用蜂蜜，加上土豆中淀粉含量高，所以患有糖尿病的人也不太适合吃这个。

步骤

1. 土豆和山药洗干净切成大块状。

2. 放入原汁机内榨汁。

3. 因为这两者都属于淀粉含量较高的材料，所以出汁率没有其他的果蔬类高。

4. 出来的土豆山药汁有比较厚的质感。

5. 将榨出来的汁倒入小奶锅中。它非常容易变色，而且淀粉很快就会沉积在锅底了。

6. 倒入 150 毫升左右的清水。

7. 用中小火加热，一边熬煮一边搅拌。

8. 等到汁变得有些黏稠，并且轻微沸腾后离火。

9. 此时倒入蜂蜜调味，稍微放凉些就可以吃啦。

3

4

5

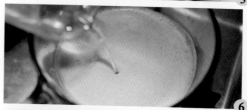
6

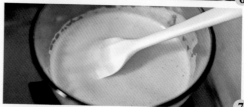
7

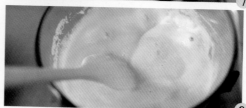
8

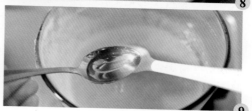
9

"婶子碎碎念"

1. 要选新鲜土豆，不要用发芽的土豆，因为后者对人体有害。

2. 榨出来的土豆山药汁如果直接煮太稠了，所以煮的时候需要加点水，还要搅拌，避免糊底。

双色
鸡肉卷

在普通的卷饼中加入新鲜的菠菜汁与西红柿汁，就能做出颜色缤纷又健康的彩色鸡肉卷啦。它能一改往日单调卷饼的沉闷，让人食欲大增。大自然给予的天然色彩配上好吃的鸡肉馅，搭配起来真是得益彰。这也是我们家小朋友最爱的搭配。

食材和时间

🍳 分量　6 个

🕐 时间　1 小时（不含腌制、静置时间）

🥄 材料
油菜	1 把
西红柿	1 个
普通面粉	500 克
鸡胸肉	500 克
洋葱	1 个
西红柿酱	少许
辣酱	少许
奥尔良腌制料	2 大勺
盐	6 克
玉米油	20 克
即发干酵母	2 克
细砂糖	8 克
水	80 毫升
食用油	少许
生菜	适量
沙拉酱	适量

步骤

1. 制作鸡肉馅。将鸡胸肉切块，然后用奥尔良腌制料拌匀，腌制两小时以上至入味即成，也可以用黑胡椒粉和生抽来腌制。

2. 油菜和西红柿分别放入原汁机中榨汁。

3. 图中是榨出的两种不同颜色的果蔬汁。

4. 先做西红柿面团。取 160 克西红柿汁跟 250 克面粉、5 克玉米油、1 克酵母、3 克细砂糖、2 克盐放在桶中混合揉成一个柔软的面团。

5. 做油菜面团。取 160 克油菜汁跟 250 克

面粉、15 克玉米油、1 克酵母、5 克细砂糖、4 克盐放在盆中混合，也是揉成一个面团。

6. 两种颜色的面团都盖上保鲜膜静置 1 小时。

7. 洋葱切成圈状，放到锅子里用一点油爆香。

8. 腌制好的鸡肉块炒到金黄色后盛出。

9. 两个有颜色的面团都发好后按压排气。

10. 将两个面团都平均分成 6 份滚圆。

11. 取一个小面团擀成薄于 0.2 厘米的圆薄

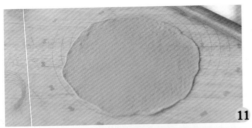

11

12

13

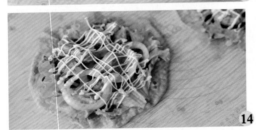

14

15

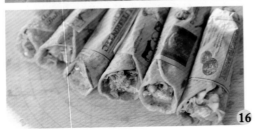

16

片。黏的话可以撒点面粉（分量外）。

12. 平底不粘锅抹点油小火加热，将擀好的面片平摊开始烙饼吧。因为面片擀得很薄了，所以烙15秒左右就可以翻面，摊到两边都有金黄的糊状出现。

13. 烙好的饼平摊在案板上。图中是两种颜色的饼。

14. 两张不同颜色的饼上下平铺好。铺上洗干净的生菜，淋上西红柿酱，再放上洋葱圈和适量的鸡肉，挤上少许沙拉酱。

15. 用油纸将饼和鸡肉都卷起来。

16. 油纸底部多出的部分拧一拧收紧，这个鸡肉卷就做好了。

"婶子碎碎念"

1. 油菜鸡肉卷很健康，鲜艳的饼身十分适合给小朋友吃。

2. 西红柿饼有点粉粉的，吃起来还带着点西红柿的酸爽口感。

3. 里面的酱你可以随意更换，换成甜面酱或者辣椒酱都可以。

4. 鸡肉也可以换成黑椒牛肉柳或者鸡米花、炸鸡柳之类的。

墨鱼
蔬菜饼

这个墨鱼饼，我是用玉米粉做的，比普通面粉更香。没有玉米粉的，就用普通面粉即可。我家二宝比大宝挑食，所以难得他能爱吃这个饼。一口咬下去，有嚼劲的墨鱼肉跟秋葵、胡萝卜充满口腔，不用再加别的菜了。这也算是比较省事的宝宝餐吧。

食材和时间

- 📖 分量　2 人份
- ⏱ 时间　20 分钟
- 🥕 材料　胡萝卜..........................半根
　　　　秋葵..............................适量
　　　　墨鱼..............................半只
　　　　鸡蛋..............................2 个

玉米粉..........................40 克
植物油............................8 克
盐..................................5 克
黑胡椒粉........................1 克
糖..................................6 克

步骤

1. 用原汁机榨胡萝卜汁后取胡萝卜渣用。
2. 墨鱼洗干净后切成比较小的丁，煮一下捞出。
3. 秋葵放到沸水里焯一下，可以去除草酸和黏液。

4. 将大部分秋葵切碎，留下少许使用。将秋葵碎跟墨鱼丁、胡萝卜渣一起倒入盆子中。
5. 打两个蛋进去将材料充分拌匀。
6. 加适量的玉米粉，拌匀。

7. 再放点盐、糖、黑胡椒粉调味。

8. 留下的秋葵切成片。

9. 不粘锅或者是电饼铛里加少许玉米油烧热。用勺子舀适量面糊放入锅中，摊成圆饼状。

10. 表面按上几个秋葵片装饰，煎到饼身上有比较密集的小泡泡出现就可以翻面了。

11. 翻面后继续烙一会，等两面都完全熟了为止。

12. 如果嫌麻烦，可以将面糊都倒进去摊成一个大饼煎熟，切成小块吃。

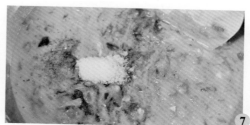
7

8

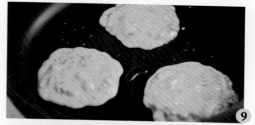
9

10

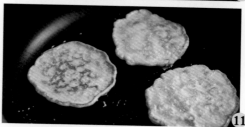
11

12

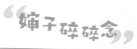

"婶子碎碎念"

1. 墨鱼建议用主体的肉不要用腿肉，因为主体的肉比较容易熟也好咬一些。如果不放心，也可以将墨鱼肉提前过沸水煮一下，这样后面切丁的时候也好操作。

2. 墨鱼也可以换成鱿鱼、虾仁、扇贝或者是鳕鱼等等，反正这是个粗粮海鲜饼，材料可以换。秋葵买不到可以换成你喜欢的蔬菜。但建议蔬菜先焯水，避免口感生涩。

3. 没有玉米粉就换成普通面粉，最后添加的玉米粉的量其实比较灵活，加的多烙出来的饼就比较扎实，加的少就比较软，大家按喜好调整吧。

4. 制作的工具可以用不粘锅也可以用电饼铛，或者也可以摊在抹了油的锡纸上放进烤盘烤熟。

胡萝卜
蔬菜饼干

　　每回逛超市，都特别留意有没有那种好吃的蔬菜饼干，但仔细看配料表后，却发现总是有什么果蔬粉或者香精之类的成分，可以说真正用新鲜蔬菜做出来的饼干超市里还没有，所以就有了制作这个胡萝卜小酥饼的灵感。它是真正用一根新鲜胡萝卜做的饼干。不管是本来就爱吃饼干的，还是家里有不喜欢吃胡萝卜的娃儿想哄着他们吃的，都可以尝试下这个方子。

食材和时间

🍞 **分量**　　大约 30 块

⏱ **时间**　　15 分钟（不含烤制时间）

🪄 **材料**　　低筋粉.......................160 克

　　　　　　黄油.............................60 克

　　　　　　细砂糖..........................45 克

　　　　　　胡萝卜............................1 根

　　　　　　小麦胚芽 ....12 克

　　　　　　（没有就用芝麻代替，或者是不加）

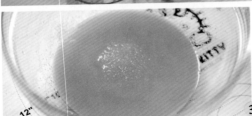

步骤

1. 用原汁机榨胡萝卜汁。
2. 图中是榨汁后的胡萝卜渣，比较干燥。
3. 黄油先化成液态，加入细砂糖，然后用打蛋器快速拌匀。
4. 倒入 20 克胡萝卜汁，继续用打蛋器搅拌均匀。
5. 再筛入低筋粉，倒入小麦胚芽。
6. 倒入 40 克胡萝卜蓉，用刮刀翻拌均匀。
7. 拌成没有干粉的状态。
8. 可以借助保鲜袋，将拌好的材料团成面团。
9. 隔着油纸或者保鲜袋，将面团擀成厚度为 0.5 厘米的大面片。
10. 用饼干模具切成心形片，均匀摆放在铺了油纸的烤盘内。
11. 烤箱以上下管 180℃ 预热好，烤 14 至 15 分钟，饼干表面上色即可。

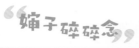

"婶子碎碎念"

1. 不想用黄油，可以用 50 克玉米油替换，但因为黄油自带奶香味，所以做出来的饼干从味道和酥脆度上都会比用玉米油做的更好吃。所以还是建议大家尽量用黄油来做。

2. 最终的面团，以能成团不那么湿黏为准，擀大片切割后，也能拿起而不会粘连。

3、如果没有小麦胚芽，那就多加 5 克低筋粉，或者是用 10 克芝麻来代替吧。

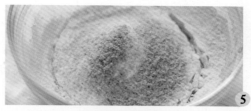

5

6

7

8

9

10

11

菠菜窝窝头

这个菠菜小窝头，是做给我自己吃的。感觉最近吃得太精细了，需要来点粗粮清一清，所以在面粉的配比上下了点狠手，主要用口感粗粝的粗玉米粉，然后加了些含粗纤维的菠菜渣进去。和面的水也是全部用了菠菜汁，所以保证你和我一样，吃了以后脸色也会是绿油油的。不过吃再多，也比外面的色素窝头安全，好歹都是自己做的。

食材和时间

🍚 **分量**　大约 12 个

⏲ **时间**　30 分钟（不含发酵、蒸制时间）

🥄 **材料**　玉米粉............................180 克

普通面粉........................70 克

即发干酵母......................2 克

菠菜汁..........................60 克

菠菜渣..........................60 克

白糖............................10 克

1

HELLO KITTY

2

步骤

1. 将菠菜汁、菠菜渣准备好备用。

2. 图中是榨好的菠菜渣和菠菜汁（加了少许水，否则太稠了）。

3. 玉米粉、面粉、白糖、酵母倒入大碗中。

4. 将 60 克菜汁、60 克菜渣一起倒进去。

5. 揉成一个光滑的面团。

6. 放到温暖湿润处发酵 1 小时。

7. 将做好的面团按照 25 克一个的标准分割。每个小面团做成窝窝头的样子。

8. 做好后用蒸箱蒸熟就可以了。

9. 用蒸锅的做，水烧到沸腾后，大火蒸差不多 12 分钟即可。用蒸箱的做，110℃蒸 15 至 16 分钟就可以了。

"婶子碎碎念"

1. 菠菜的涩味，来自它的草酸成分，草酸与食物中的钙离子结合后会产生不溶于水的草酸钙，影响人体对钙的吸收，所以才说菠菜最好不要生吃，需要用高温蒸煮 3 分钟后食用，这样可以去掉大部分的草酸。

2. 我用的这个配比，成品口感比较粗糙，有点干，想要软和点、好吃点的，就把玉米面的比例降低。

胡萝卜
小餐包

　　家里有不爱吃胡萝卜的小朋友，大家可以做这个松软可口的胡萝卜小餐包给他们解馋。配方里使用了65℃汤种，出来的成品口感很松软，放个两三天后还很受大家的欢迎。你也可以换成其他的果蔬汁来做，做出来的就是彩色的面包啦。

①

食材和时间

🍞 **分量**　大约 9 个

⏰ **时间**　3 小时以上

✏ **材料**　65℃汤种材料：

高筋粉............................20 克
胡萝卜............................80 克
（汤种用量为 90 克，但因为熬煮过程中会有损耗，所以要用略多于 15 克的高筋粉和略多于 75 克的胡萝卜来制作，避免不够）

主面团材料：

高筋粉..........................250 克
低筋粉............................35 克
汤种..............................90 克
即发干酵母........................4 克
糖................................40 克
盐.................................4 克
鸡蛋液............................30 克
胡萝卜汁..........................93 克
黄油..............................30 克

装饰材料：

鸡蛋液、杏仁片、燕麦片...适量

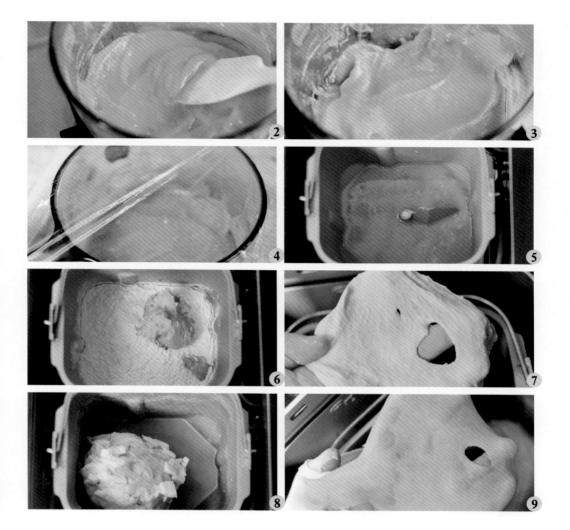

步骤

1. 用原汁机将胡萝卜榨汁备用。

2. 将 20 克高筋粉和 80 克胡萝卜汁倒入小锅内，先拌匀。

3. 用小火慢慢加热，一边加热一边搅拌避免糊底，温度到 65℃即可离火。如果没有温度计，就是加热到用刮刀划过后，会有纹路产生的糊糊状即可。

4. 表面覆盖上保鲜膜避免流失水，晾凉到室温后使用。如果用不完，可以密封好放进冰箱冷藏 1 至 2 天，但颜色变暗后就不能再用了。

5. 接下来开始做面团吧。将面团主材料里所有的液体材料先放入面包桶内。

6. 之后倒入除了黄油外的其他材料，放凉的汤种称好 90 克后也放进去。开始揉面吧。

7. 揉到有厚膜产生的时候，暂停下机器。

8. 放入切成小块、提前软化了的黄油吧，继续揉。

9. 揉到出现比较薄的膜就可以停止揉面了。

10. 之后将面团收圆放到温暖湿润处发酵到两倍大。

11. 发好的面团先拿出来按压，排出比较大的气泡。

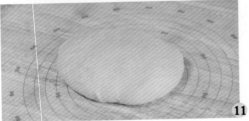

12. 然后平均分割成 9 份后，滚圆成光滑的圆球状。

13. 将滚圆的面团有间距地移入模具中，之后送去发酵 40 分钟左右。

14. 发好的面团表面先刷一层鸡蛋液，之后撒点燕麦片、杏仁片装饰。

15. 烤箱提前以上下管 180℃预热好，然后放中层烘烤 25 分钟左右即可。

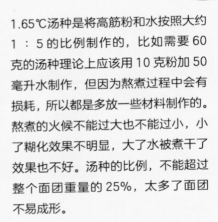

"婶子碎碎念"

1. 65℃汤种是将高筋粉和水按照大约 1：5 的比例制作的，比如需要 60 克的汤种理论上应该用 10 克粉加 50 毫升水制作，但因为熬煮过程中会有损耗，所以都是多放一些材料制作的。熬煮的火候不能过大也不能过小，小了糊化效果不明显，大了水被煮干了效果也不好。汤种的比例，不能超过整个面团重量的 25%，太多了面团不易成形。

2. 如果你不想用汤种法来做这个胡萝卜餐包，那么就按照以下的直接法来做吧。配方是高筋粉 265 克，低筋粉 35 克，即发干酵母 4 克，糖 40 克，盐 4 克，鸡蛋液 30 克，胡萝卜汁 168 克，黄油 30 克。我用的日式粉吸水能力较强，如果你用的也是这样的面粉，胡萝卜汁一定要多做 20 克出来，避免面团太过湿黏。

果蔬汁汤圆

彩色汤圆，一定要用新鲜的果蔬来榨汁做，尽量别用那些色素或者色粉类材料，因为不管是营养还是口感，都是用新鲜的果蔬汁做的更好一些。颜色可以根据你的喜好选择，毕竟大自然是个魔法师，总能调出来你喜欢的那个颜色。

食材和时间

🍚 分量　3 人份

⏱ 时间　1 小时（不含冷冻时间）

🥄 材料　芝麻馅儿材料：

黑白芝麻 ....200 克

黄油 ....120 克

细砂糖 ....60 克

汤圆皮材料：

糯米粉 ....350 克

火龙果、胡萝卜、菠菜 ......适量

步骤

1. 黑白芝麻放到锅子里用中小火炒熟，出香味就可以出锅了。

2. 炒熟的芝麻倒入破壁机或者料理机中，用中速打成粉末状。

3. 黄油（也可用猪油）提前用热水化开，然后加入芝麻粉，倒入糖。

4. 将材料充分拌匀，使其变得有黏性。

5. 然后按照 9 至 10 克一个的标准，将馅料搓成芝麻球。

6. 将芝麻球冷冻半小时，变硬了再操作。

7. 用原汁机榨果蔬汁吧，我用的是火龙果、胡萝卜和菠菜。

8. 三种颜色的果蔬汁和糯米粉都准备好就开始做了。

9. 取 35 克糯米粉加少许水揉成一个柔软的糯米团，然后放热水里煮熟。

10. 煮熟的糯米团分成三份，剩下的糯米粉也分成三份。每份糯米粉都放一份小糯米团，再分别倒入 70 克果蔬汁和面吧。

11. 图中是调好色的三个糯米团。

12. 从做好的大面团上取 12 至 13 克先揉圆，再包入一个芝麻球就可以了。手上可以涂一些糯米粉（分量外）防粘。

13. 想要做花样的汤圆也可以揪一点别的颜色的面团先搓成长条，然后包起来再滚一滚。

14. 案板上可以撒一些糯米粉（分量外）防止粘底。依次包好所有的汤圆。

15. 水用大火加热到沸腾，倒入汤圆，改成中火，煮到汤圆都浮起来就可以了。

"婶子碎碎念"

1. 芝麻馅想要流沙效果，油脂就要加得多一些。不要用植物油，因为芝麻馅儿需要冷冻变成团后包馅才方便，植物油低温不凝固，做成的馅不易冷冻成形。黄油和猪油可以凝固，效果较好。首选用猪油，无味，其次是黄油，比较有奶香味，但是腻。

2. 汤圆不开裂的秘诀就是先取一些糯米粉加水揉成面团，然后煮熟了再放进剩下的糯米粉里一起和面，这样就不会开裂了。

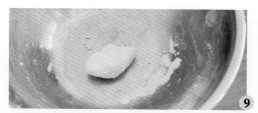

9

10

11

12

13

14

15

彩虹
蝴蝶面

这个用天然果蔬汁做出来的幻彩蝴蝶面，很适合宝宝妈们做出来哄娃儿玩。虽然看起来蛮简单，但对于第一次做的人来说其实并不算轻松，比较耗时间，所以建议一次多做一些，剩下的晾干后放进冰箱里冷冻，想吃的时候随时拿出来煮好就可以了。

食材和时间

🍚 分量　2 至 3 人份

⏱ 时间　1 小时（不含醒发时间）

🥕 材料　普通面粉 ....600 克
　　　　（分四份，每份 150 克）

　　　　紫甘蓝........................适量
　　　　菠菜..........................适量
　　　　胡萝卜........................适量
　　　　西红柿........................适量
　　　　盐 ....少许

步骤

1. 将四种蔬菜都准备好。
2. 用原汁机分别榨汁，无需加水。
3. 四个颜色的果蔬汁都榨好。
4. 将四种蔬菜汁各取 60 克跟 150 克面粉混合后加点盐，用厨师机先搅拌成棉絮状，再用手揉成 4 个面团。
5. 四种颜色面团都做好，醒发半小时再用。
6. 用擀面杖或者压面机将面片做成大薄片。
7. 图中是四个面片都做好的样子。
8. 将四个面片叠放在一起，切掉周围不规则的边边。

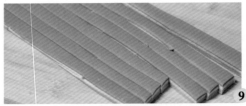

9

10

11

12

13

14

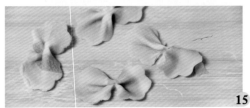

15

9. 然后将面片切成大约1厘米宽的条，大约能切8条。

10. 将切面朝上，再四个为一组粘到一起，如果不好粘，可以用一点点的清水粘合。

11. 取一组面团来回不停地压。

12. 压好后彩色条纹状的面片就出现了。

13. 用饼干花型模具在面片上切出小面片。

14. 用筷子从小面片的中间位置夹起来。

15. 蝴蝶型的面片就做好了。

"婶子碎碎念"

1. 蔬菜汁的分量是参考值，大家根据自己面团的吸水性灵活调整。面团要硬一些才好擀。

2. 新手做这个比较费时间，所以建议从单色的开始做，熟练后再做四种颜色的。其实单色的蝴蝶面也很好看。

3. 做好的幻彩蝴蝶面最好等干一干定型后再下锅煮，要不容易散开。

4. 吃不完的面可以等干了以后放入冰箱冷冻保存，想吃的时候拿出来煮熟就可以了。

自制豆腐

做豆腐，可是件很好玩的事情。泡发好黄豆，用原汁机榨成纯净的豆浆后，略微加点内酯，就可以做成一整块洁白的豆腐了。这种成就感和好玩程度，不亚于小时候过家家的那种感觉。

食材和时间

- 分量　一大块
- 时间　1 小时（不含泡发、压制时间）
- 材料
  - 泡发后的黄豆................300 克
  - 做豆浆用的清水.......1800 毫升
  - 内酯.................................4 克
  - 化开内酯用的清水........25 毫升

步骤

1. 黄豆加水泡发一晚上。
2. 按照一勺黄豆一勺水的顺序将材料放进原汁机入口。
3. 启动机器就能看见豆浆渐渐磨出来了。旁边是磨出来的豆渣。
4. 按照豆子和水的比例为 1：6 的原则加料。如果磨的时候没有加完水，就等到最后加入豆浆里就行了。
5. 将所有的豆浆倒入锅中，中火加热搅拌避免煳底，一直煮到沸腾后再加热五六分钟。
6. 这时候准备内酯，取 4 克倒入碗中，然后用 25 毫升温水化开。
7. 刚才煮沸的豆浆冷却，等到温度降到 90℃左右倒入内酯液。
8. 快速搅拌均匀。

9. 盖上盖子，焖 20 分钟左右。这期间不要打开盖子也不要晃动锅子。

10. 豆浆凝固成豆腐脑了，用勺子挖几下。

11. 将锅里的豆腐脑都划成大碎块。豆腐盒里先铺一层干净的纱布，放到蒸锅的箅子上，方便水析出流到锅里。

12. 用豆腐盒的另一半带把手的部分，将豆腐里的水，慢慢挤出。

13. 将豆腐压紧以后，有把手的部分不用取出，直接放一个重物压在上面。如果想吃嫩的，就压得轻一些，想吃紧实的，就压得重一些。压 40 分钟左右。

14. 图中是压好之后的样子，拎着纱布把豆腐取出切块就可以吃啦。

婶子碎碎念

1. 没有原汁机的，用破壁机也可以做。也是将黄豆泡发，按 1：6 的比例加入清水，太厚或者太薄出来的豆腐都欠佳。充分搅打成细腻的豆浆，然后用纱布将豆浆过滤出豆渣来。

2. 内酯我是在网上买的，你也可以用醋做，网上一堆教程。但是用醋做出来的会比较松散。

3. 没有豆腐盒的就用活底蛋糕模来做。但记得要放到箅子上析出水。

4. 因为我是用原汁机来做的，所以直接就滤出很干的豆渣了，最后出来的成品也跟原来的豆子重量差不多。你如果用别的机器操作，重量会比我做的多一些。

9

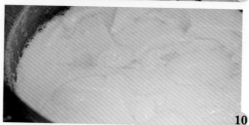

10

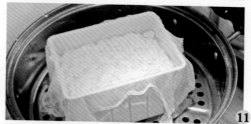

11

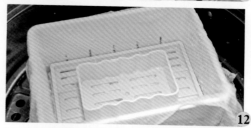

12

13

14

自制 豆腐脑

在家自制豆腐脑其实一点都不难，稍微加点内酯就可以了。点的嫩一点就是豆腐脑，点老一点就是豆花。而且把豆花压去多余的水就是成块的豆腐。用原汁机做，超级简单的。没有原汁机就用破壁机打成细腻的豆浆，然后过滤出豆浆用即可。

食材和时间

🍱 **分量** 一大锅

⏱ **时间** 1 小时（不含泡发、压制时间）

✏️ **材料** 材料：

泡发后的黄豆................200 克

做豆浆用的清水........1200 毫升

内酯..........................4 克

化开内酯用的清水........25 毫升

配料：

虾皮、榨菜、紫菜、葱花、

味极鲜酱油..................各少许

步骤

1. 黄豆提前一天泡发好，取 200 克，然后准备好 1200 毫升的清水备用。

2. 放入原汁机内榨汁，因为黄豆比较干，需要一边放黄豆一边倒入 1200 毫升的清水。

3. 左边出豆渣，右边就是比较纯净的豆浆了。

4. 看一下原汁机出来的豆渣基本很干了，不要扔，留着做豆渣饼什么的。

5. 图中是按黄豆和水的比例为 1：6 做出来的豆浆。

6. 放到锅子里煮到沸腾再煮 4 至 5 分钟，关火晾到 90℃左右。

7. 取 4 克内酯用 25 毫升温水泡开倒入到 90℃左右的豆浆中，迅速搅拌，然后盖上盖子静置 20 分钟，不要开盖子也不要动锅子。

8. 20 分钟后就会发现里面的豆浆凝固了。

9. 用勺子将豆腐脑兜出来，放到碗里。淋上味极鲜酱油，再撒上切碎的紫菜、榨菜、葱花和虾皮就做好了。

"婶子碎碎念"

1. 榨出来的豆浆一定要弄纯净些，要不豆腐脑的口感就会沙沙的，不顺滑了。

2. 如果没有内酯，也可以用 10 克左右的白醋代替。

3. 内酯液要在豆浆温度为 90℃左右时放入，拌匀后就不要动它了，让它静置凝固。

4. 你做成咸味或者甜味都行。

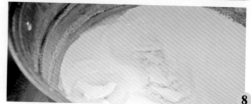

自制
豆松

豆松虽然味道比不上肉松那么香，但是炒上这么一大锅，喝粥的时候舀两勺进去也是很好吃的。还有做面包的时候，也可以和沙拉酱一起当馅料或者是裹在面包的外壳上装饰用，所以用处还是很大的。

食材和时间

🍚 分量　　2 大碗

⏰ 时间　　30 分钟

✏️ 材料　　泡发后的黄豆.................400 克

花生油.........................35 毫升

白糖..............................25 克

鱼露..............................20 克

味极鲜酱油.....................35 克

黑胡椒粉..........................1 克

海苔片.........................2 至 3 片

白芝麻..........................一小把

盐.................................3 克

步骤

1. 黄豆提前泡发好，然后用原汁机来磨豆浆。

2. 开启机器后按照一勺豆子、一勺水的顺序倒入机器的入口内。

3. 原汁机是一边出豆浆另一边出豆渣的，所以不用过滤豆渣。

4. 磨出来的豆浆放进奶锅里煮到沸腾后再煮10分钟即可饮用。

5. 这时候将刚才磨出来的所有豆渣和要炒豆渣的其他材料都准备好。

6. 将味极鲜酱油、花生油、盐、鱼露、黑胡椒粉跟豆渣一起拌匀。

7. 不粘锅加热，放入豆渣开始翻炒吧，炒五六分钟后倒入白糖混合均匀后继续炒干。

8. 一直炒到豆渣变干看起来松松的状态。

9. 最后加入白芝麻和剪成小条状的海苔片，也是不停地翻炒拌匀。炒到芝麻变香，豆渣也变得干干的了就可以关火了。变凉了以后，找个密封的罐子或者保鲜袋装起来即可。

"婶子碎碎念"

1. 豆渣可以是黄豆做的也可以是黑豆做的，反正做这个不必专门弄，就利用平时剩下的豆渣即可。豆渣可以先冰冻起来，攒够量再化冻制作即可。

2. 想颜色深点可以用老抽，没有鱼露的话就不用加了，可以用蚝油来代替。你想炒成孜然味、花椒味的也可以。

3. 如果时间很紧张，也可以平铺在烤盘里用低于140℃的温度烘干一会儿。

蔬菜炒豆渣

做豆浆过滤出来的豆渣，好多人都直接扔了，其实我们可以用它做成豆渣饼、豆渣馒头、豆渣花卷等等，它们也是很有营养的。害怕麻烦的人嘛，就可以直接加点菜炒成这一盘咸香十足的豆渣菜了。不过这里要记住，用豆浆机过滤出来的豆渣基本就是熟的了，所以可以直接炒。用破壁机或者原汁机过滤出来的豆渣，大部分是生的，所以还需要蒸熟之后再用，避免吃了生豆渣影响消化甚至食物中毒。

食材和时间

🍚 **分量**　一盘

🕐 **时间**　20 分钟（不含泡发时间）

🥕 **材料**　黄豆、黑豆、花豇豆......各 30 克

　　　　　细砂糖.............................少许

　　　　　西红柿............................1 个

　　　　　鸡蛋................................2 个

　　　　　大葱段.............................少许

　　　　　盐 ....少许

　　　　　葱末...............................少许

　　　　　花生油.............................适量

　　　　　清水.........................400 毫升

1

2

步骤

1. 各种豆子需要提前泡发，至少泡 4 个小时以上至变软。

2. 用原汁机做选择细滤网，做出的豆浆越细腻越好。

3. 先不用开出汁口，舀入一勺泡好后的豆子再舀入一勺水，如此反复将豆子和清水全部倒入原汁机里。

4. 左边出来很干的豆渣，右边出豆浆。

5. 过滤出来的豆渣需要先蒸 10 分钟再用。将鸡蛋和西红柿都准备好。

6. 鸡蛋打散加入一点盐，之后倒入豆渣中拌匀。

7. 小火加热，倒入适量花生油，先撒几个葱段爆锅。

8. 之后倒入鸡蛋豆渣，不停翻炒，炒熟为止。倒入西红柿丁继续翻炒。

9. 快出锅时倒入盐调味，撒一点葱末进去拌匀就可出锅。

"婶子碎碎念"

1. 豆渣不熟轻则引起腹泻，重则让食物中毒，所以不管是做豆浆还是豆渣再利用，都要彻底弄熟以后再吃。

2. 这里面的蔬菜也可以换成其他的，调味料也可以按你的喜好选择。

3. 豆渣比较费油，所以油可以多用一些，避免后来炒的时候太干煳掉。

3

4

5

6

7

8

9

豆腐碎素丸子

这款丸子用的是含粗纤维的菠菜渣和胡萝卜渣。甜甜的胡萝卜配上糯糯的豆渣，还有翠绿的香菜，再来一勺五香粉，外脆里软真好吃，吃了还不怕胖。

食材和时间

🍚 分量　2 人份

⏱ 时间　12 分钟

🥕 材料　胡萝卜..........................60 克

　　　　　蟹肉菇..........................45 克

　　　　　豆腐............................130 克

　　　　　香菜............................16 克

　　　　　玉米淀粉.......................40 克

　　　　　鸡蛋.............................1 个

　　　　　五香粉...........................1 克

　　　　　蚝油............................15 克

　　　　　盐...............................2 克

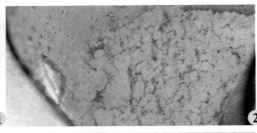

步骤

1. 先把胡萝卜用原汁机做成蓉。

2. 图中是榨出来的胡萝卜蓉。

3. 把所有的材料都准备好。

4. 豆腐切碎。

5. 蟹腿菇和香菜也都切碎。

6. 胡萝卜碎、蟹腿菇碎、香菜碎和豆腐碎都混合在一起，静置 10 分钟。这时候菜会出一些水，把水倒一倒。

7. 之后打入一个鸡蛋，再加入玉米淀粉和五香粉拌匀。

8. 再倒入蚝油，加少许盐。

9. 将材料充分拌匀后。

10. 之后取 16 克左右团成一个球。

11. 放入空气炸锅 180℃预热 3 分钟，之后加热 12 分钟左右就可以了。

"婶子碎碎念"

1. 玉米淀粉的量要按菜的出水量做适当调整，出水多就多加一点儿，出水少就少加一点儿。

2. 加入淀粉以后的菜能团成球就可以了，烘烤后会自己定型的。

3. 加盐量根据自己的口味灵活调整。

4. 烤好的豆腐丸用木铲轻轻铲一下就好拿了。

5

6

7

8

9

10

11